世界经典枪械完全图解

灌木文化 编

化学工业出版社

·北京·

枪械经过早期、近代以及现代的发展，其性能更加完善，实用性更强，更能满足军队等领域的需求。本书分为枪械基础知识、手枪、冲锋枪、步枪及机枪五章，分别介绍了各种类型的枪械，并以历史上有名的枪械为例，讲解枪械的构造和性能。同时，本书在介绍每种枪械时也配以清晰的图片，希望给军事迷朋友和读者带来一个更为直观的体验。

图书在版编目(CIP)数据

世界经典枪械完全图解 / 灌木文化编. — 北京：化学工业出版社，2016.12（2024.10重印）
（世界经典武器完全图解系列）
ISBN 978-7-122-28266-8

Ⅰ. ①世… Ⅱ. ①灌… Ⅲ. ①枪械-世界-图解
Ⅳ. ①E922.1-64

中国版本图书馆CIP数据核字(2016)第244726号

责任编辑：徐娟　　　　　　　　　　　　装帧设计：灌木文化

出版发行：化学工业出版社(北京市东城区青年湖南街13号　邮政编码100011)
印　　装：涿州市般润文化传播有限公司
787mm×1092mm　1/16　印张13　字数300千字　2024年10月北京第1版第9次印刷

购书咨询：010-64518888　　　　　　　　售后服务：010-64518899
网　　址：http://www.cip.com.cn
凡购买本书，如有缺损质量问题，本社销售中心负责调换。

定　　价：59.80元　　　　　　　　　　　　版权所有　违者必究

丛书序

军事武器大到航空母舰，小到手枪，都是战争中影响并决定战争胜负的重要因素。军用武器的创新性、先进性和实战性关乎一个国家的国防安全和稳定发展。

当前我国军事实力不断增强，促使更多的国内大众对军用武器有全方位和深入化的了解。鉴于此，我们于2014开始构思出版一套关于军用武器的书籍，后经过策划人员的讨论，最终决定出版四本军用武器书籍，分别为航空母舰、坦克、战机和枪械。从2015年开始，我们不断查阅资料和咨询国内多位军事专家，并开始编写工作，现将这套书籍呈现给国内读者，希望能够得到读者的认可和喜爱。

这套军用武器书籍文字详细，图片清晰，介绍全面，分类明确，结构完整，揭开了军用武器的神秘面纱，促使读者阅读起来非常清晰。坦克和战机这两本书籍以国家为分类依据，分别介绍了各个国家的坦克和战机，促使读者能够了解到各个国家坦克和战机的发展历程和在各个时期的军事侧重点，也能区分各个国家坦克和战机的异同点。航空母舰这本书籍着重介绍了美国航空母舰，充分体现出美国在航空母舰上的领先地位，同时也介绍了其他国家的航空母舰，促使读者能够对世界范围内的航空母舰有一个全面的了解。枪械这本书籍以种类为分类依据，分别介绍了不同枪械的由来、构造以及性能，充分表明枪械随着科学技术的发展也在不断改进和完善，为各国军队、警卫队以及赛事等提供更好的装备支持。

参加本套军用武器书籍编写的有袁毓瑛、高旺、黎贯宇、张德强、李永军、任安兰、袁媛、李晋远、史淑娴、项焱、吴海燕、王建涛、母秋华、牛雪彤、母春航、袁毓玲、邰树文、王婵、戴苏春、张蜜蜜、王颖、訾力铮、叶丽清、王玉梅、辛岩、肖娜、王梦楠、闫昕彤、徐亚楠、绪思宇等。在编写过程中，编者严格查阅、筛选和校对书籍的内容，同时也邀请国内专业军事专家审核这套书籍，增加了这套书籍的专业性和权威性，在此对这些专家表示衷心的感谢。

灌木文化
2016年3月

目录 CONTENTS

第 1 章 枪械基础知识
1.1 枪械的定义 002
1.2 枪械的发展历史 003
1.3 现代枪械的分类 015

第 2 章 手枪
2.1 "沙漠之鹰"手枪 026
2.2 柯尔特左轮手枪 029
2.3 伯莱塔 92F 型手枪 032
2.4 格洛克 17 型手枪 035
2.5 P229 型手枪 038
2.6 HKP7 型手枪 041
2.7 M1911A1 式手枪 044
2.8 托卡列夫手枪 047
2.9 马卡洛夫手枪 050
2.10 CZ83 型手枪 053
2.11 鲁格 P85 式手枪 056
2.12 伯莱塔 Px4 "风暴"型手枪 059

第 3 章 冲锋枪
3.1 HK MP5 冲锋枪 062
3.2 Uzi 冲锋枪 064
3.3 FN P90 冲锋枪 066
3.4 MAC10 冲锋枪 068
3.5 MP7 冲锋枪 070
3.6 PP2000 冲锋枪 072
3.7 TMP 冲锋枪 074
3.8 Vz61 "蝎"式冲锋枪 076
3.9 欧文 9 毫米冲锋枪 078
3.10 PPS-43 式 7.62 毫米冲锋枪 080
3.11 汤普森冲锋枪 082
3.12 ZK383 式 9 毫米冲锋枪 084
3.13 司登冲锋枪 086
3.14 MP38/40 式 9 毫米冲锋枪 088
3.15 贝雷塔 M1938 冲锋枪 090
3.16 M3/M3A1 冲锋枪 092
3.17 PPSH-41 冲锋枪 094
3.18 M1931 式索米冲锋枪 096

第 4 章 步枪
4.1 AK47 突击步枪 099
4.2 M16 突击步枪 101
4.3 G36 突击步枪 103
4.4 FAMAS 突击步枪 105
4.5 斯太尔 AUG 突击步枪 107
4.6 FNC 式 5.56 毫米突击步枪 109
4.7 加利尔突击步枪 111
4.8 SG550 式 5.56 毫米突击步枪 113
4.9 L85A1 突击步枪 115
4.10 AKM 突击步枪 117
4.11 AS VAL 特种突击步枪 119

4.12 9A-91 突击步枪 ……………………… 121

4.13 M1 加兰德步枪 ……………………… 123

4.14 M14 自动步枪 ……………………… 125

4.15 FN FAL 突击步枪 …………………… 127

4.16 HK53 突击步枪 ……………………… 129

4.17 李-恩菲尔德步枪 …………………… 131

4.18 M4/M4A1 卡宾枪 …………………… 133

4.19 巴雷特 M468 特种卡宾枪 …………… 135

4.20 HK416 卡宾枪 ………………………… 137

4.21 Kar 98k 毛瑟步枪 …………………… 139

4.22 M82A1 狙击步枪 …………………… 142

4.23 毛瑟 SP66 式狙击步枪 ……………… 145

4.24 M24 狙击步枪 ………………………… 148

第 5 章 机枪

5.1 M134 型速射机枪 …………………… 175

5.2 ZB26 轻机枪 ………………………… 177

5.3 M60 式 7.62 毫米通用机枪 ………… 179

5.4 RPK 轻机枪 …………………………… 181

5.5 MG36 轻机枪 ………………………… 183

5.6 M249 机枪 …………………………… 185

5.7 M2 勃朗宁大口径重机枪 …………… 187

5.8 MG42 通用机枪 ……………………… 189

5.9 布伦轻机枪 …………………………… 191

5.10 加特林机关枪 ……………………… 193

5.11 MG08 式马克沁重机枪 …………… 195

5.12 M1919A6 式重机枪 ………………… 197

5.13 维克斯机枪 ………………………… 199

5.14 MG34 通用机枪 …………………… 201

4.25 SVD 狙击步枪 ………………………… 151

4.26 L96A1 狙击步枪 ……………………… 154

4.27 M21 狙击步枪 ………………………… 156

4.28 M40 狙击步枪 ………………………… 158

4.29 麦克米兰 TAC-50 狙击步枪 ………… 160

4.30 SSG3000 式狙击步枪 ………………… 162

4.31 G22 狙击步枪 ………………………… 164

4.32 Tango51 狙击步枪 …………………… 166

4.33 BlaserR93 狙击步枪 ………………… 168

4.34 G3/SG1 军用狙击步枪 ……………… 170

4.35 斯太尔 HS.50 狙击步枪 ……………… 172

第 1 章 枪械基础知识

　　枪械是一种利用火药燃气或其他能量发射子弹，同时口径小于 20 毫米的身管射击武器。枪械从早期的前装滑膛枪到鸟铳 King's Pattern 诞生，再到近代的中央点火式火枪、手动式的加特林机枪等，然后到现代的自动手枪、战斗霰弹枪、榴弹发射器、电枪等，其功能越来越完善，性能越来越好，实用性越来越强，应用日趋广泛，并得到世界各国军队、治安警卫队以及各大赛事的认可。本章详细介绍了枪械的发展历史以及分类，使读者更加全面和深刻地了解枪械以及它在战事中发挥的重要作用。

1.1 枪械的定义

▲ QSW06 式 5.8 毫米微声手枪不完全分解

▼ 枪械子弹的原材料——火药

枪械是一种利用火药燃气或其他能量发射子弹，口径小于 20 毫米的身管射击武器（以美国军方和日本自卫队的标准为依据，口径大于或等于 20 毫米为火炮）。枪械主要用于发射枪弹，打击无防护或弱防护的有生目标，是步兵的主要武器，也是其他兵种的辅助武器，广泛用于民间的治安警卫、狩猎及体育比赛。

▼ 燧发枪

1.2 枪械的发展历史

1.2.1 早期

　　早期的枪械绝大部分是指前装滑膛枪，有时被称为火枪或土枪，以区别于后来的洋枪。射手使用枪械时需要从枪口装填散装的火药和弹头，然后用通条将火药和弹头塞好在枪膛部，才可以点火发射。 早期枪械发射过程繁复，经常需要半分钟至 1 分钟才能发射一次，甚至达数分钟，很大程度上限制了射姿，而且枪械的射击精度和可靠性也较差。所以早期枪械仅仅继承了弩在武器中的地位，并未取代弓箭和矛剑等格斗武器。因此，14～19 世纪前期为火器与冷兵器并用的时代。

▲ 火绳枪是一种需从枪口装填火药与弹丸的滑膛枪械

　　1714 年 9 月 15 日，英国皇家军械局签署了一份军火开发合约。1722 年，第一款制式鸟铳 King's Pattern 诞生，历经了 P1724 试制型和 1728 年定型。P1730 式鸟于 1730 年开始量产，并被称为褐筒（Brown Bess），之后此系列鸟铳便开始了长达 120 年的服役历史。

　　定装弹的概念约在 16～17 世纪时产生，因无实物流传，其具体时间、地点和人物难以被考证。中国明代发明的子铳是一种定装弹药，预先装好弹丸与火药，打放时以后膛填装发射。而使用子铳的铳器有掣电铳、子母鸟铳等，其中掣电铳曾在《神器谱》中被提到是参考佛朗机炮而制。从原理看，掣电铳因未解决闭气问题而没有被大量采用，但当时一般的定装弹不同于现代定装弹药，不过预先称好火药的分量，并保证不会被弄湿，以方便携带，相对于当时很难控制火药分量和易湿的散装火药来说，已经是革命性的发明。

　　1640 年，刺刀由法国军官皮塞居发明，从此持铳也具备了矛枪的作用。

1.2.2 近代

▲ 美墨战争中的查普尔特佩克战役

近代时期的枪械多半是指枪械开始淘汰冷兵器时代的 19 世纪，以区别于早期和与冷兵器并用时代。其原理和构造开始接近现代，却未达到现代作战要求。

在 19 世纪中期的多场战争中，如美墨战争、南北战争、普丹战争、普奥战争、普法战争、北美印第安战争、鸦片战争、第二次鸦片战争、中法战争、祖鲁战争、俄土战争等，近代枪械的雏型第一次发挥出压倒性的战斗力，彻底改变了以往战争中前装滑膛枪和刀矛弓箭等冷兵器并用的情况。洋枪洋炮完全颠覆了战争的模式，促使各国争相研发和购置新式枪械。

新式枪械使欧洲地区与其他地区的武力差距达到历史上最高，导致以往其他势力未能控制的清朝、奥斯曼帝国及非洲完全失利。

普鲁士在率先推出和使用后膛枪和定装弹后，迅速崛起，并在普丹战争、普奥战争、普法战争三大战争后，推动了欧洲权力的重新洗牌，促成德国统一，并间接影响了意大利的统一。

近代枪械的主要特征是使用和现代相似，但不完全相同的子弹（定装弹），并以后膛上弹的方式发射。

▲ 普丹战争中的迪伯尔战役

后膛枪指子弹本身由弹壳、底火、装药及弹头四个部分组成，由击锤或击针发射，不需要点火，从枪管的后方填装子弹。

近代枪械解决了前装枪的固有问题，射速从半分钟至数分钟一次达到每分钟十次以上。除了极近的距离外的战斗，枪械都可以作为主力武器。

拿破仑时代的法国著名枪匠包利在 1808 年发明了纸制弹壳以快速装填，标志着枪械开始进入近代化。但当时枪械被发现的问题也极大，需要重新设计枪支和弹药。因为当时纸壳子弹虽然从后膛装弹较快，但是发射时的焰火会威胁射手；如果从前膛装弹，膛线会阻碍装填，滑膛会影响准度。因此他的发明实际未被法军采用，但也指引了枪械向有闭锁装置的方向发展。

1835 年，第一种量产的转轮手枪被美国设计家柯尔特研制出来，这也是第一支多发枪械。1836 年，得克萨斯革命犹阿拉莫战役的指挥者大卫·克洛科特使用两支特长型枪管的柯尔特手枪，带领不足 200 人的持有左轮枪的人民起义军顽强抵抗墨西哥 7000 人的政府军数日，迫使墨军只能从远处炮轰，虽然最终起义军全数壮烈牺牲，但这场战役使世人充分认识到了左轮手枪的威力。在 1846 年美墨战争中，美国政府订制了 1000 多支 M1847 型手枪，使手枪骑兵取得了非凡战果。美国最终把柯尔特手枪列为制式装备。

◀ 拿破仑在杜伊勒里宫书房

撞针枪也被称为中央点火式火枪、德莱赛针发枪（Dreyse Needle Gun），由德国著名枪匠德莱赛于 1835 年发明，并于 1841 年装备普鲁士军队，为现代步枪的雏型。撞针枪从枪管后端装入弹药，针击发火，首创旋转后拉式枪机，彻底消除了后膛枪和定装弹的伤人危险，其射速从上代步枪的每分钟两三发达到近 10~12 发，它在 1866 普奥战争中大显神威，使奥军伤亡数字提高到普军的 5~6 倍。

▲ 德莱赛针发枪

1845 年，美国军事企业家史密斯·威森发明了现代金属弹壳子弹。但由于当时的弹壳不能重复使用，不能满足经济性要求，所以并未广泛取代纸弹壳，但指引了枪弹向更安全和可靠的方向发展。

▲ 米尼子弹

在过渡到定装弹后膛枪前，欧美在 19 世纪中前期多使用由法国人克劳德·艾蒂安（Claude-Etienne Minié）发明的米尼弹（Minie Ball）——可算是末代的前装步枪，米尼弹的步枪统称为米尼步枪（Minie Rifle），具有代表性的有法国的 P1851 米尼步枪，英国的 P1853 Enfield 米尼步枪，美国的 Springfield M1861 米尼步枪，普鲁士的 Vereinsgewehr 1857 及奥匈帝国的劳伦兹步枪（Lorenz Rifle）。虽然其威力有限，但其设计可靠成熟，发挥了当时一般枪匠所熟悉的基础技术，受到当时欧美列强的军方信任，成为了除普鲁士外各先进国家的主力枪械。虽然最终在普鲁士的德莱赛击针枪前不堪一击，但其合理性的部分优点，被第二三代世代的后膛枪所继承，如弹头尾部的孔可以吸着火药气体涨大紧贴枪管的膛线，能够全面发挥火药的威力，而且流线形的弹头较尖锐，射程和贯穿力比之前的圆头弹为佳。

◀ 英方描绘中国人在亚罗号上的粗暴行为，此被认为是英帝国的战争宣传

1855 年，英国人博蒙特和亚当斯发明了双动扳机的博蒙特－亚当斯左轮手枪，可在单手按动扳机的同时压击锤击发子弹。从此人们使用转轮手枪时，无需一手压击锤和一手扣扳机了。

博蒙特－亚当斯左轮手枪 ▶

▲ 加特林步枪

1857年，法国人安东尼·阿方索·夏塞波（Antoine Alphonse Chassepot，生于1833年）设计出使用纸壳定装弹，口径为11毫米的夏塞波步枪 Chassepot M1866。但在1870~1871年的普法战争中，法军因来不及全面换装新枪，同时不适应新枪和新枪战术，惨遭失败，阵亡人数达十多万，比普军的十倍还多，令全世界为之震惊，并促使各国全力投入资源革新枪械和探索新枪械的战术和训练。

1861年，美国的亨利和斯宾塞各自发明了两种摇杆式的多发手动步枪，射击比德莱赛枪更快和更安全，射速达每分钟二十多发，但是对弹型和射姿的限制较大，因此未成为制式步枪，但仍使美国联邦政府军在南北战争对南军和后来的北美印第安战争获得了压倒性优势。

1862年，美国人加特林发明了手动式的加特林机枪，也就是第一支实用的连发式枪械。这种枪械需手动操作，采用多枪管的笨重枪型，常需要多人一起配合才能使用，但它的压倒性火力是古老火枪的数百倍。在战争中，两三个北军只要抬出一挺加特林机枪，便吓得上百个只有火枪的南军或有弓箭的印第安人落荒而逃，甚至投降。

1864年，英国因普丹战争爆发，加快了装备定装弹后装枪的进程，并于1865年3月决定以美国人雅各布·施奈德的方案将恩菲尔德P1853式前装线膛枪（Pattern 1853 Enfield rifle-musket）改装为后装枪，将靠近击锤的枪管切开2.5英寸（1英寸=25.4毫米，下同），装上可向右翻转180度附撞针的盖帽结构，只需稍微加工改变击锤外形便可继续使用。改装后的P1853式前装线膛枪被称为史奈德-恩菲尔德步枪。

▲ 加特林机枪

1865年，英国人梅特福改进了早年很多人研究过的膛线设计和刻制技术，终于将其改进成普及化的现代来福枪的原型。自此，所有新型枪械几乎都刻有膛线，同时专用发射霰弹的现代霰弹枪诞生了。

1871年，英国换装马提尼－亨利步枪（Martini-Henry）[.577/450（11.43×60毫米）]，并使用到1888年。这种步枪是使用金属弹壳的单发式步枪，运用了由亨利O.皮博迪（Henry O. Peabody）设计的升降式枪机，并瑞士人弗里德里希·冯·马提尼（Friedrich von Martini）负责改良，而其膛线以及枪管由苏格兰人亚历山大·亨利（Alexander Henry）设计。此枪经历过残酷血腥的祖鲁战争（1879年1月11日～7月4日），因其采用的金属瓶状弹壳设计，装药量远多于传统直筒弹壳，可以射穿祖鲁战士的牛皮盾牌，威名远扬。

▲ 马提尼－亨利步枪

1871年，德国毛瑟兄弟公司发明了不受射姿和弹型限制的旋转后拉式枪机（Bolt Action）的Mauser M1871式步枪（Gew 71，11×60毫米），此枪成为日本明治十三年式步枪的参考枪型，并因解决了德莱赛步枪和摇杆式步枪的设计问题而被广泛采用。自此，带弹仓的步枪才普遍被接受和采用，毛瑟步枪也因此闻名世界。

1873年，美国在装备中使用中央式底火金属子弹的柯尔特单动式陆军左轮手枪。这种手枪的中央式底火子弹对相对较小，限制装药分量，其弹壳也可回收再装药，克服了早年金属弹壳既昂贵又不可回收的缺点。此后，金属弹壳成为枪弹的主流，并且除一小部分弹形需要外，新型的子弹也以中央式底火为主。

1873年，美国在装备中使用了史密斯威森M3式中折式转轮手枪。此枪具有较现代甩出式转轮手枪具备的装排弹速度，并且两手使用同样方便，成为稍晚出现的现代甩出式左轮手枪的强力竞争者的准现代化手枪，可是在使用子弹方面受限，未成为主流设计，到20世纪后期逐渐被淘汰。

1874年，夏塞波步枪被法国军方将改装成使用黄铜壳中间底火定装弹的步枪，成为首个使用黄铜壳中间底火定装弹的步枪，被称为格拉斯步枪（Fusil Gras mle 1874），并在中法战争中发挥了其应有的威力。此枪也是日本明治十三年式步枪参考枪型。

▲ 采用中央式底火的.357直壁式凸缘麦格农子弹

▲ 温彻斯特 1873 型

在俄土战争（1877～1878 年）中，部分装备了带弹仓的温彻斯特连发步枪的土军，一度对使用单发的后膛定装弹的伯丹单发装填步枪和 1867 型 Krnka 步枪的俄军产生威胁，甚至杀伤了数倍于己的俄军。直到战争的后期，俄军改变战略攻势方向，使未装备新枪的土军被攻其无备，才反败为胜。本战役证明了带弹仓枪械的决定性优势，也证明了先进武器被大量列装才有效。

1882 年，瑞士军官爱德华·鲁宾（Eduard Rubin）发明了全被甲弹头。以往的纯铅制弹头因被火药的炸力炸热，加上膛线的磨蚀，在刚离开枪口未到达目标前便变形而丧失准确性和威力，但全被甲弹头恰恰突破了纯铅制弹头的局限。

◀ 无烟火药

1884 年，无烟火药被发明，这是枪械史上一个重要的里程碑。在金属弹壳问世后，很多枪匠和发明家都尝试过在不增加整个枪型尺寸和重量的前提下，提高枪支的射速和单发子弹的枪口初速。他们设计出多种单管机枪和瓶状弹壳，但这些机枪和弹壳的使用极易受当时的装药限制。因为数百年来沿用的火药配方中的黑火药本身作为发射药使用的条件很苛刻，其燃烧速度过快，可能量不是很大，稍少不够推力，而稍多则炸掉枪膛，使得一般射手不敢自行再填装发射药。同时黑火药容易留下残渣，为增加射速，就要频繁清理。此外，机枪在密集射击时冒出的白烟，会影响射手视野，并易被敌人发现。直到 1884 年，无烟火药出现，才解决了黑火药对枪械的射速和弹头初速的限制问题。

1884 年，美国人马克沁发明了马克沁机枪。其最初使用黑火药的试制枪并未被军队所采用，直到 1889 年，马克沁机枪改用无烟火药才被接受，成为首支自动装填枪械。

1885～1886 年期间，奥匈帝国著名设计家曼利夏（Ferdinand Mannlicher）发明了射速最快的手动直拉式枪机步枪和其应用的弹夹条。这种步枪后来进一步发展了漏夹，成为首种可拆式活动供弹具。虽然直拉式枪机后来被射速更快的半自动步枪取代，但弹夹的发明有效提高了带多发弹仓或更后弹匣式枪械的装填速度和可靠性。

1886年，法国推出勒贝尔M1886步枪（Lebel M1886 Rifle）和其新型的8毫米步枪弹。其中后者率先采用了无烟火药和现代步枪子弹的瓶状弹壳与中口径弹头，这是第一种现代步枪弹。因勒贝尔M1886步枪具有较高的初速（600米／秒）和流线形的弹头，所以弹道平直且易于瞄准射击远处的敌人，但其8毫米步枪子弹，起初仍然用较重的钝圆弹头，到1898年才将之前弹型改良成较轻的尖头弹，彻底减少了不必要的重量和空气阻力，使其初速达到700米／秒，并将实际有效射程提升到接近1000米。

▲ 半自动的M1加兰德步枪

1888年，德国在勒贝尔M1886步枪的压力下，成立"步枪试验委员会"（Gewehr Prfungs Kommission，简称GPK），原本只想在毛瑟71/84步枪基础上缩小口径和使用无烟火药，后又改为独自设计一款新枪。M1888式委员会步枪（Gewehr 1888）7.92×57毫米实际上只是把世上现有的步枪设计糅合在一起，其弹仓改进自曼利夏步枪，枪管膛线直接仿自勒贝尔步枪，枪管外套有一个由阿曼德·梅格（Armand Mieg）设计的全长式枪管套筒。

▲ 勒贝尔M1886步枪

1.2.3 现代

现代枪械是指从19世纪末开始，在近代的科技基础上，即膛线、中心发火金属定装弹壳、无烟火药、闭锁装置等，向符合实际战争需要发展出不同"枪械"的时期。

此时期有以下三个发展方向。

（1）小型速射的枪械。这种枪械已经包办了连近战内的几乎所有人对人的战斗。即使非连发枪械也可只扣动扳机即可达到每分钟发射数十发，例如左轮手枪、自动手枪、半自动步枪。连发枪械每次可射出多个弹头，射速达每分钟数百发以上，例如战斗霰弹枪、冲锋枪、自动步枪。

▲ 左轮与枪套

▲ 半自动手枪

（2）反战车枪弹。战车在一战的战场中是为应付枪林弹雨的威胁而出现，反过来推动了比传统枪械更具单发破坏力的广义轻武器出现，开始超出狭义枪械的定义，例如榴弹发射器、重机枪和反器材步枪、反坦克枪等。

（3）非致命性武器。它是因现代社会的治安需要而出现的，一般指发射非致命武器的防暴弹药，例如催泪弹、胡椒喷雾、电枪、橡皮子弹等。

1.2.4 未来

对于枪械未来的前途和发展，欧美国家有两种观点：一种是机动兵器已经代替了步兵完成绝大部分的战略任务，未来军用机器人将完全取代步兵的占领任务和警察的治安任务；另一种是随着先进的能源技术，将出现比枪械更有威力的小型武器，例如激光武器和电磁炮。既然反坦克导弹和便携式防空导弹已经取代了反坦克步枪和重机枪的战防和防空地位，那么未来很可能出现纳米技术制造的对个人用的微型导弹等。

▲ 法国"西北风"导弹

但更多人认为这两种的观点受到一定的技术和伦理限制，所以最可能出现的是新原理和结构的枪械。以下介绍一些较为有名的前瞻性研究。

美国在20世纪60年代开发过特种用途单兵武器，是一种把卡宾枪和小型榴弹发射器合一的枪械，步枪还可以发射新型的箭形弹。虽然步枪设计本身失败，但获得了将M16突击步枪和M203榴弹发射器合一的成功经验。

▲ M203 榴弹发射器

美国在20世纪90年代再次提出相似的概念理想单兵战斗武器XM29 OICW，但一直未达标。同系列的XM307自动榴弹发射器一举代替重机枪和大型的全自动榴弹发射器计划也失败。

美国在同期又发展过无闭锁枪械等，放弃使用了百余年的金属弹壳和闭锁装置，改为塑料壳弹，但当时越南战争刚刚结束，因经费问题而放弃了。

西德20世纪60~90年代开发的无壳弹药的HK G11突击步枪使用无壳弹，其推进方式类似传统弹，但将发射药用纤维素黏合成整块状。这款突击步枪因东西德统一和冷战结束，只被少量装备。

▲ XM307 自动榴弹发射器

▲ AN-94 突击步枪

在 20 世纪 60 年代，美国发展过一种称为 Gyrojet 的新概念手枪，其子弹是另一种火箭式推进的无壳弹，非常轻巧，并无后坐力，被发射时产生的噪音也很小，但这种手枪因太过前卫而停产。

在 20 世纪 80 年代，美国再次提出先进战斗步枪计划，包括四种方案，其中有无壳弹（即 G11 的美国版）和塑料弹壳的方案，但因成果有限而被放弃。

在 20 世纪 80～90 年代，苏联／俄罗斯开发的使用普通弹的先进结构 AN-94 突击步枪，但这种步枪结构复杂和价格昂贵，同时由于冷战结束和苏联解体，只被少量采购。

在 20 世纪 90 年代，澳大利亚研发过称为"金属风暴"的机枪，是一种以电子击发并使用另一种像迫击炮弹的无壳弹的机枪，其射速大大超过加特林机枪，每分钟可发射 10 万至百万发子弹，但始终无人问津。

20 世纪末，法国开发过称为 GIAT PAPOP 的武器，其概念与理想单兵战斗武器相似，将卡宾枪和榴弹发射器合一，但始终未被采用。

▲ 第二次世界大战中美军的 M2 迫击炮

值得注意的是前卫性的枪械设计倾向于使用无壳弹或塑料弹壳，以在减小全枪和弹药的尺寸及重量的前提下，保持枪械威力和提高射速，但始终无法取得像现行金属弹壳的成功从而被忽视。实用性的问题成为日后研究枪械发展的借鉴，同时也要避免过分标新立异的高科技武器的形象。主要表现在以下方面。

(1) 像 G11 的无壳装药和塑料弹壳难以达到金属弹壳的安全程度，很容易因连发射击过久而被废热引起爆炸或自燃。

(2) 虽然另外两种无壳弹因为弹头本身兼有弹壳的保护功能，但 G-11 也被改良成 G-11K3，解决了之前的问题，却又产生了新的问题。

(3) Gyrojet 因火箭式枪弹离开枪管后继续加速才能达到最大速度，所以致使初速很低，其近距威力不如传统手枪，同时火药燃烧不均匀，远距离的精度也很低。

(4) "金属风暴"的弹药需要用专用的机器，预先安装在枪膛中，并前后排好，因此不可在临战中补充子弹。

▲ M320 榴弹发射器

G-11K3 使用新的发射药后，提高了燃点，也改变了弹药的结构和外观，避免了底火直接接触灼热的机械部分，但也因构造变得复杂而高价，脱离了无壳弹枪械要构造简单和低价的设计初衷。

步枪和榴弹发射器合一，主要是由于人们发现自动步枪浪费弹药，在战斗中被子弹直接杀伤的机会远少于被炸弹炸伤的机会，同时榴弹的威力和射程足够对付轻量化的机动兵器和防御工事。

在步枪和榴弹发射器合一方面确实获得了一些成果，例如比利时的 FN EGLM 附加型榴弹发射器和美国的 M320 榴弹发射器等，不仅能专门配合本国的 FN F2000 突击步枪和 FN SCAR 的构造，又可独立使用，具有比 XM29 OICW 更为简易的火控系统，并可使用既有装备的弹药，这算是 XM29 OICW 失败后的简易代替方案，并被军方采用。

▲ FN EGLM 附加型榴弹发射器

1.3 现代枪械分类

1.3.1 滑膛枪

▲ 大宇 USAS-12 自动霰弹枪

滑膛枪又被称为猎枪，是指枪管无膛线的枪械（其他枪械都可称为线膛枪），也是历史最久远的枪种，现多被称为霰弹枪、散弹枪，通常使用大口径、多弹丸的特制霰弹，并以自身复数式弹着点或超大的散布面弥补其发射常规弹药时精度欠佳的缺陷。

▲ 贝内利 M4 Super 霰弹枪 90

▲ 正在进行退膛动作的 M40A3

1.3.2 手枪

手枪是单手持的小型枪械（其他枪械一律可称为长枪）。

（1）单发手枪（Single-shot Weapon）。指没有供弹具的手枪，其子弹只能预先装在膛部。

①单管单发手枪。击发一次后必须重新装填的手枪，通常用于竞赛或狩猎。

②多管单发手枪。虽然弹膛只能预装一发子弹，但有两个或两个以上的枪管，所以仍然是多发式手枪，通常用于特殊目的，例如狩猎、自卫和暗杀。

（2）手动手枪（Manual Pistol）。安装多发子弹，但必须是手动退壳的手枪。

（3）左轮手枪（Revolver）。射击后自动转动弹仓，使弹巢内下一顺位的子弹进入待击发状态，但不具备自动退壳功能，且弹仓可容纳约5～8发子弹的手枪。

①单动式。每次击发前需扳下击锤才可射击，且击发后击锤自动归回原位。

②双动式。不必扳下击锤就可射击，并能连续击发。

▲ 毛瑟C96手枪

（4）半自动手枪（Semi-Automatic Pistol）。是能自动装填，但只能单发射击的手枪。

（5）全自动手枪（Fully-Automatic Machine Pistol）。支持三发点放，并全自动射击的手枪（此种手枪的部分型号被认为是冲锋枪）。

◀ 格洛克18型全自动手枪

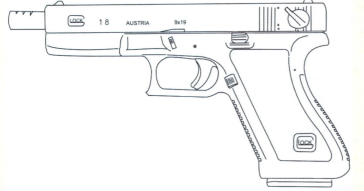

1.3.3 步枪

(1) 单发步枪 (Single-shot Rifle)。是没有供弹机构,只具备枪管和击发件两大主体的步枪。

①单管单发步枪。一次射击后需装弹的单发步枪,在现代常见于竞赛。

②多管单发步枪。弹膛只能容纳一发子弹,但具备两个或两个以上的枪管,仍算连发枪械,在现代常见于竞赛和狩猎。

(2) 手动步枪 (Manual Repeating Rifle)。是每次射击完后必须手动上膛的步枪。现代主流是转栓式步枪 (Bolt Action),其优点是精度和可靠性最佳,缺点是射速明显比较慢,同时每次再上膛的动作因改变射线而需重新瞄准。历史上流行过另一些射速较快的全手动枪,例如曼利夏步枪和温彻斯特连发步枪,但因这种手枪可靠性不高,并对弹种有限制,因此在现代几乎全被半自动步枪代替。

▲ 恩菲尔德 M1917 步枪

(3) 半自动步枪 (Semi-Automatic Rifle)。是虽然可在发射后自动退壳和装填,但只能逐发按动枪机射击的步枪。

▲ HK M27 步兵自动步枪

(4)自动步枪（Automatic Rifle）。是全自动射击，并可连发的步枪，分为以下三种。

①传统自动步枪。指全自动发射大威力的步枪子弹，使用的弹药和通用机枪或狙击步枪是同类型。例如M14自动步枪，通常是半自动射击，在紧急时才会全自动发射。因为使用不便，逐渐被军队淘汰。

②突击步枪（Assault Rifle）。是具备步枪的稳定度、杀伤力与冲锋枪的轻便于一体的步枪形式，被多国军警使用，也是现代军队步兵的一种主要个人武器。

③轻机枪（Light Machine Gun）。也称为重管自动步枪。早期的自动步枪使用威力较大的步枪子弹，也就是全火力步枪子弹，不易控制，在连发时需装配厚重的枪管和两脚架才可保持稳定，比当时的制式步枪笨重。虽可以单人携带，但不够轻便灵活，后来逐渐发展成支援枪械，射手增强持有冲锋枪或霰弹枪（更晚是突击步枪）的同伴的火力，用以冲锋或防卫阵地。

▲ STG44 突击步枪

(5)狙击步枪（Sniper Rifle）。是主要用于远距离狙击单个重要目标的步枪，经过精选和专业调校过，通常安装瞄准镜以做较远距离的准确射击。依照用途可以分为军用狙击步枪、警用狙击步枪、射击运动狙击步枪和狩猎狙击步枪。

①制式狙击步枪。即一般所说的狙击步枪，指军用或警用，供专门狙击手使用的狙击步枪，通常用于狙击重要目标，并确保一击必中。制式狙击步枪要同时考虑精度和可靠性，既会采用手动步枪的设计，也会采用半自动步枪的设计。

▲ M110 狙击步枪

②反坦克步枪。在两次世界大战中用以击穿战车的大口径步枪，不同于相似口径的猎象枪。反坦克步枪重视贯穿效果和射程，所以使用尖头的具有较高初速的穿甲弹，近距离内可贯穿超过 20 毫米厚的高强度钢板或一般厚度的砖石墙壁。但是车辆装甲越来越厚，已经不能被单一士兵所能携带的实心弹头击穿，因此反坦克步枪只能改为射击其薄弱的部分，例如履带、观测窗、排气口等，或对付轻装甲车，最终被反坦克火箭和无后坐力炮取代。

▲ 苏联的 PTRS-41 反坦克步枪

③反器材步枪。是取代反战车步枪的进化枪种，可以破坏易燃物、爆裂物或雷达等军用器材，也可对付装甲较薄的轻装甲车。因其射程远大于制式步枪，也可攻击超过普通狙击步枪有效射程（约 1000 米）外的敌人或目标。

④精确射手步枪。指以类似苏联狙击手的编制和运用方式支援部队，不仅要求高精度和高可靠性，还要求轻量化和高射速，所以通常使用较高精度的半自动步枪或自动步枪。

⑤射击竞赛或狩猎专用步枪。专业的由赛会或射手指定枪厂或枪匠依照特定要求制作的步枪，通常精度极高，价格昂贵。实际中更为常见的是枪厂在维持高精度条件下大量生产的高品质民用步枪，其中有些被军警购入或订造成接近需要的改良型号，例如美国的雷明登 700 步枪。

巴雷特 M82A1 狙击步枪 ▶

（6）卡宾枪（Carbine）。最初为骑兵专用步枪（因此又称马枪、骑枪），是一种特制短枪管步枪，后发展为特殊概念步枪（如 M1 卡宾枪），以及广义的短枪管步枪（如 M4 突击步枪、FN SCAR-H 自动步枪等）。

1.3.4 机枪

机枪本来泛指连发的枪械，现专指较大的适应持续连发的枪械。

（1）轻机枪。可由单兵操控的轻型机枪，和重管自动步枪功能分类重叠。

▲ 斯通纳 63 轻机枪

（2）通用机枪。可作轻机枪与中型机枪使用的枪种。

（3）中型机枪。火力、尺寸和重量在轻机枪与重机枪之间的枪种。

（4）重机枪。拥有固定角架的大口径机枪。

（5）防空机枪。改装高射专用脚架，以射击低空飞行目标的重机枪。

（6）加特林机枪。拥有多个枪管的机枪。最早期的加特林机枪拥有 10 个枪管，通过手摇射击。在被改进后，其旋转能源来自电动机（外力）或弹药气体压力（内力）。西方国家军队多使用外力方式，苏联阵营国家军队多使用内力方式。

▲ M2 重机枪

◀ 加特林机枪

1.3.5 冲锋枪

冲锋枪通常指轻便与连发射击的枪械，原来被称为手提机枪和手提轻机枪。

（1）制式冲锋枪。指弹药以制式手枪弹为主的冲锋枪，是冲锋枪的主流，例如现代的 MP5 和 UZI，早期的汤普森冲锋枪和 MP18 冲锋枪，发展自卡宾枪，并逐渐成为独立枪类，有些甚至直接改良自突击步枪，例如柯尔特 9 毫米冲锋枪和 PP-19-01 勇士冲锋枪。虽有步枪的肩托和前托等构造，但为了适应手枪子弹，也使用类似手枪的机械结构。

（2）微型冲锋枪。一类尺寸与大型手枪无异的紧凑冲锋枪，和全自动手枪功能分类重叠。

（3）个人防卫武器。在 20 世纪末标准化，是二线部队专用的紧凑与连发枪种，也是新概念冲锋枪，一般指定发射全新设计的专用子弹。

▲ HK MP5 冲锋枪

（4）超短管自动步枪。枪管长度与冲锋枪无异的自动步枪，也作冲锋枪使用，但仍发射中间型威力枪弹或全火力步枪弹型号，例如 AKS-74U、G36C、MC51 自动步枪，所以其火力较大。

▲ AKS-74U 卡宾枪

1.3.6 特殊枪械或发射器

这类发射器不完全符合狭义的枪械定义，可归为广义的轻武器。很多书籍都将其作为枪械一并介绍，主要原因如下。

（1）有些火器虽然口径超过 20 毫米，但因为长度不长、重量不大，在外观上比某些口径小于 20 毫米的长管枪械更接近一般人心中的枪械形象。而在两次世界大战时期，某些国家，包括德国和日本，因为整个枪型的大小需要两个人或一起运作，所以认为重机枪和部分反坦克步枪是轻型火炮。

（2）某些另类（包括了非火药）发射原理的道具或武器，外观和功能都接近枪械。

①信号枪。专门发射信号弹的特大口径枪械，通常超过 20 毫米。

▲ 信号枪

②起步枪。在速度性运动项目如中短程跑、短距离速度滑雪、短距离自行车赛等中，代替普通枪械鸣枪信号的器具，有时也可用真枪发射空包弹代替。

③钉枪。借助火药的威力将钢钉射入砖石中的器具，不能发射普通的子弹。

④榴弹发射器。专门发射特制榴弹的特大口径枪械，口径一般为 30～40 毫米。

⑤无后坐力炮。利用向后排气的方式消减后坐力肩射反坦克武器。

⑥火箭筒。利用火箭的原理发射的肩射反坦克武器。

▲ 榴弹发射器

⑦空气枪。射击运动或狩猎的道具，原理和玩具软气枪相似，但威力大很多，由于没有枪口爆炸，精度极高，声音很小，常用于竞赛和暗杀，但因发射后会降低气瓶压力，所以经常只是单发，不能代替传统枪械完成一般任务。

⑧泰瑟枪。一种以氮气发射两根连接电线的小飞镖，短暂的高压电使得对方失去行动能力的防暴或自卫武器。另一种称"电枪"为电击棒，需要直接打击对手使其短暂触电致晕，仍属冷兵器的进化型。

▲ 泰瑟枪

▲ 元代的手铳

⑨洋弓铳。洋弓铳是和制汉字，也就是日本对在枪械之前便存在的弩的一种称呼，而在一些中译日的文本中，通常直接搬过来写作弓枪。由于其具有和枪械相似的枪机和准星等构造，在侧面平视时外观接近枪而不像弓，直到明治维新后才较多见到欧式弩，便常把弩称为洋弓铳，并在和制英语中称之为BOWGUN。

⑩墙角枪。一种由可以向左右扭曲，前方安装了摄像机、手枪或其他枪械的发射器，后方有屏幕和控制发射与方向的发射器，常见于特战或反恐任务中。

▲ 墙角枪

⑪水下枪。适合在水底发射的枪械，用完全封闭防水的特制弹药，在水中威力不像普通枪弹般轻易下降，例如俄罗斯的 APS 水下突击步枪、德国的 HK P11 手枪等。

⑫头盔枪。德国早年研究的一种可以不用手发射无壳弹，安装在头盔上的奇型武器。

⑬网枪。用空气发射绳网生擒对手的治安武器。

▲ APS 水下突击步枪

第 2 章 手枪

手枪是一种单兵便携武器，通常用于杀伤近距离内的有生目标。它短小轻便，携带安全，可突然开火，受到世界各国军队和警察的认可，并被执法人员、指挥员及特种兵等人员使用。随着科学技术的发展，手枪也不断发展和完善，大大提高了性能和威力，已发展成种类多样的现代手枪家族。本章介绍了手枪家族中具有代表性的几种类型，例如柯尔特左轮手枪、HKP7 型手枪、托卡列夫手枪、鲁格 P85 式手枪等，使读者能够清晰地了解这些手枪的由来、构造、性能等。

2.1 "沙漠之鹰"手枪

第 2 章 手枪

▲ "沙漠之鹰"手枪

▼ "沙漠之鹰"性能参数

口径	12.7 毫米	枪口动能	1570 焦
初速	402 米/秒	瞄准基线	217 毫米
全枪长	267 毫米（0.50 口径）	配用弹种	0.50 英寸（12.7 毫米）快枪弹
枪管长	152.4 毫米	弹容量	7 发（0.50 口径快枪弹）
有效射程	200 米		

  "沙漠之鹰"是位于以色列明尼亚波尼斯市的马格南研究公司（Magnum Research Inc.）发布研制的最著名的产品，也是以色列军事工业公司（IMI）最终定型的产品。

  1979 年，马格南研究公司想要研制出一种称为"马格南之鹰"（Magnum Eagle）发射 .357 马格南左轮手枪弹的半自动手枪，1981 年，马格南研究公司设计了第一把原型枪，并于次年发布，该枪的设计目的是作为靶枪和狩猎手枪。不久马格南研究公司找到了 IMI 公司来生产这种手枪，并于 1983 年开始以 IMI 生产的"沙漠之鹰"的形式开始生产和销售。1985 年，.357 口径的"沙漠之鹰"正式出现在美国手枪市场的售货架上。

"沙漠之鹰"0.50英寸手枪采用导气式工作原理，具有可调式扳机机构。塑料握把为整体式结构，其造型犹如一个U字，由一根弹簧销固定在受弹口后面，握把角度75度，距扳机距离70毫米，此握把适合中等大小的手型。

▲ "沙漠之鹰"手枪完整图　　　　　　▼ "沙漠之鹰"结构图

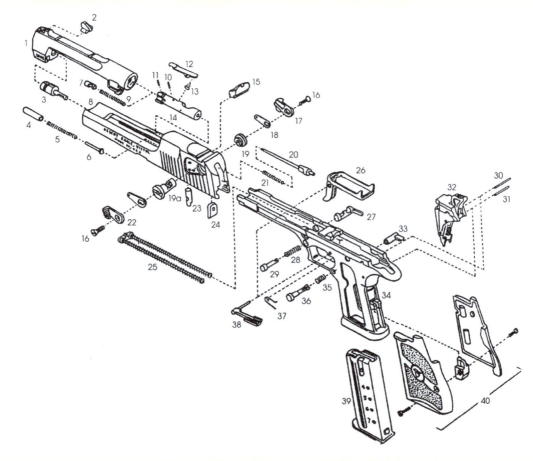

▼ "沙漠之鹰"结构名称

1—枪管；2—准星； 3—气体活塞；4—枪栓固定销；5—枪栓固定簧；6—导针；7—抛壳器；

8—滑筒；9—抛壳弹簧；10—抽壳销；11—抛壳销；12—抽壳器；13—抽壳弹簧；14—闩销；

15—照门；16—保险螺栓；17—右侧保险杆；18—保险弹簧；19，19a—右侧保险；

20—击针；21—击针弹簧；22—左侧保险杆；23—导针固定螺丝；24—导针阻止器；

25—复进簧组件；26—扳机组件；27—枪管锁定；28—枪管锁定弹簧；29—枪管锁销；30—击锤针；

31—阻铁针；32—击锤组件；33—弹匣锁定器；34—手枪壳；35—弹匣锁定弹簧；36—弹匣锁稍；

37—滑块阻动弹簧；38—滑块阻动；39—弹匣组件；40—握把组件

2.2 柯尔特左轮手枪

▲ 柯尔特左轮手枪

▼ 柯尔特左轮手枪性能参数

研发者	塞缪尔·柯尔特	枪机种类	单动式
总重	1.048 千克	弹容量	5~6 发弹巢
全长	279 毫米 /318 毫米	瞄准具形式	前后准星

　　柯尔特左轮手枪属于手枪类的小型枪械，由美国人塞缪尔·柯尔特于 1835 年发明，并在同年成为英国专利。为了配合多数人右手用枪的习惯，转轮多向左摆出，所以中文称为"左轮手枪"，其实原名为"转轮手枪"，转轮一般有 5~6 个弹巢，子弹装在上面即可逐一发射。

　　19 世纪中期以后，左轮手枪由于外形美观、结构简单、操作灵活、使用安全，是近距离作战和自卫时最具杀伤力的单手发射的短枪，受到各国官兵的喜爱，从而风靡全球。左轮手枪从构造上可分为转轮手枪和自动手枪。

塞缪尔·柯尔特

塞缪尔·柯尔特，1814年6月9日出生于美国一个普通家庭，是著名的火器发明家和枪械制造商。他于1835年发明了一支性能非常好的转轮手枪，在英国和美国都获得专利，是柯尔特公司的创始人和公认的现代左轮手枪的创始人，被称为"转轮手枪之父"，也被19世纪的历史学家评论为：柯尔特的发明改变了历史的进程。

柯尔特从小就是一个胆大、爱冒险的孩子，总是对身边的事物充满好奇心，并且对火药有着浓厚的兴趣，经常拆解东西。在他12岁的时候偶然发现一张制造火药的配方，决定开始制造火药并适用于手枪；16岁的时候他当上了一名水手，开始痴迷于轮船的舵轮，并且从圆筒里发射子弹的枪中得到启发，将这种理论移植到枪械上，在雇佣工的帮助下设计出一把试验用的"左轮手枪"，虽然失败了，但是经过不懈的努力和坚持，柯尔特最终成功地制造出了第一把连发左轮手枪。

▲ 柯尔特左轮手枪细节图

▲ 柯尔特左轮手枪

2.3 伯莱塔 92F 型手枪

▲ 伯莱塔 92F 型手枪

▼ 伯莱塔 92F 型手枪性能参数

生产商	伯莱塔公司	弹药	9×19 毫米
总重	0.97 千克	枪机种类	枪管短行程后坐作用，自由枪机单/双动
全长	211 毫米	弹容量	10 发、15 发、17 发、18 发、20 发
枪管长	119 毫米	瞄准具形式	机械瞄具

　　意大利伯莱塔公司在 92 式系列手枪的基础上研制出 92F 式 9 毫米手枪，该手枪是当今世界上较先进的手枪之一。1985 年被选入美国新的制式手枪，命名为 M9 式手枪，同时被正式列装在美国海陆空三军、海军陆战队和海岸警备队，从此一炮而红；1989 年第二次又被选中，命名为 M10，并且装备了美军近半个世纪之久的柯尔特 M1911A1 手枪全部被替换成此手枪。在海湾战争中，美军的军官和司令腰间都配备着这种枪。

　　伯莱塔 92F 型手枪的握把全部由铝合金制成，减轻了整个手枪的重量，扳机的护圈较大，方便带上手套射击。

▼ 伯莱塔 92F 型手枪射击状态图

▼ 伯莱塔 92F 型手枪细节图 1

▼ 伯莱塔 92F 型手枪细节图 2

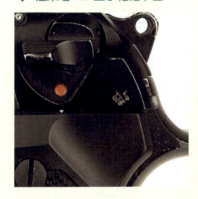

▼ 伯莱塔 92F 型手枪细节图 3

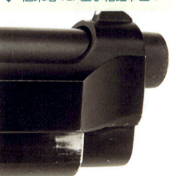

▼ 伯莱塔 92F 型手枪细节图 4

2.4 格洛克 17 型手枪

▲ 格洛克 17 型手枪

▼ 格洛克 17 型手枪性能参数

研发者	格斯通·格洛克	口径	9 毫米
总重	0.905 千克	枪口初速	370 米/秒
全枪长	206 毫米	有效射程	50 米
枪管长	114 毫米	瞄准具形式	机械瞄具
弹药	9×19 毫米鲁格弹	瞄准基线	165 毫米

　　1980 年，奥地利陆军为了取代瓦尔特 P38 手枪，开始设计格洛克 17 型手枪。1983 年奥地利格洛克有限公司应奥地利陆军的要求制造了格洛克 17 型手枪，这是由奥地利格洛克公司设计和生产的第一支手枪，它采用合成材料的套筒座，结构简单，重量轻，发射 9×9 毫米鲁格弹，标准弹匣为 17 发。由于口径是军用手枪标准口径，所以它的应用范围最广、产量最大，仅美国警察装备的格洛克手枪就占总数的 40%。

　　至今，格洛克手枪已经发展出具有 4 种口径、8 种型号的格洛克手枪族，其中基本型格洛克 17 型手枪是现代名枪之一。

▲ 格洛克 17 型手枪

▲ 格洛克 17 型手枪弹匣拆解图

▲ 格洛克 17 型手枪握把保险

格洛克 17 型手枪广泛运用塑料零部件，重量轻，机构动作可靠，弹容量也大，而且经历了四次修改，目前最新版本为第四代格洛克 17。

格洛克 17 型手枪的套筒座、弹匣体、托弹板、发射机座、复进簧导杆、前后瞄准器、扳机、抛壳挺杆及发射机座销等，都选用由聚甲醛制成的塑料材质制作，手枪重量减轻了 625 克。

格洛克 17 型手枪扳机保险装置看起来就像双管猎枪所用的双扳机，前面小扳机是保险杠，这样的设计有很多的优点。

（1）使用简单。只要扣扳机就能击发子弹，当手指不按压扳机时就能自动处于保险状态。

（2）每一次击发的扳机力度是一样的。

（3）当手枪不小心掉落时，扳机保险装置能够自动处于保险状态，这样就避免了发声擦枪走火的事故。

2.5 P229 型手枪

▲ P229 型手枪

▼ P229 型手枪性能参数

生产商	西格 & 绍尔枪械公司	枪口初速	340 米 / 秒
总重	1.13965 千克	弹容量	15 发、17 发、18 发、20 发可拆卸式双排弹匣
全枪长	193.04 毫米		
枪管长	111.76 毫米	瞄准具形式	氚光缺口式照门及片状准星
口径	9×19 毫米鲁格弹	瞄准基线	144.78 毫米

　　P229 型手枪是由德国西格 & 绍尔（SIG Sauer）枪械公司研制及生产的紧凑型军用半自动手枪，发射 9×19 毫米、.40S&W、.357 SIG 和 .22LR 手枪子弹，外形与 P228 非常接近，区别在于口径和套筒设计上，这种看似简单的改进，却让 P229 型手枪的性能大增，更适合隐蔽携带和执行任务，成为一代名枪。

　　P229 型手枪于 1990 年在美国西格军火公司（SIG Arms）研制改进，1991 年年初在美国枪展上公开亮相，1992 年投放市场。

　　P229 型手枪采用了后堂闭锁枪管短行程后坐作用模式让全枪运作，当子弹离开枪管，压力已经下降到安全水平。

▼ P229型手枪握把细节图

P229型手枪的布局精巧，解脱杆安装在套筒座上，使其操作简单，并且配有精良的瞄准器具，使人机工效更加合理。

试验证明，该枪在14米的距离发射10发子弹的散布为2.8～3.5厘米，与世界名枪M4006相比，命中率要更高。

▼ P229型手枪握把

▼ P229型手枪扳机

P229型手枪总的来说是一款非常可靠的手枪，缺点不多，但是有两点必须提到。

（1）P229型手枪采用防锈性能较好的尼特纶浸泡做防锈处理，但是外包于不锈钢外面，质地较软，容易受到磨损。

（2）P229型手枪在连续射击后，手柄两侧的塑料片容易松动，需要重新将塑料片上紧，方能继续射击。

2.6 HKP7 型手枪

▲ HKP7 型手枪

▼ HKP7 型手枪性能参数

生产商	黑克勒-科赫公司	枪机种类	气体延迟反冲
总重	0.78 千克	枪口初速	351 米/秒
全枪长	171 毫米	弹容量	8 发弹匣
枪管长	105 毫米	瞄准具形式	机械式瞄准具，片状准星，缺口式照门
弹药	9 毫米鲁格弹	瞄准基线	148 毫米

20 世纪 70 年代由德国黑克勒-科赫公司（简称 HK 公司）研制、生产的 HKP7 型手枪在众多产品中非常具有代表性。该枪使用 9 毫米帕拉贝鲁姆手枪弹，枪管长 105 毫米，全枪长 171 毫米，配用 13 发弹匣供弹，有效射程为 50 米。

在反恐的背景下，德国警方提出需要火力强大、操作快捷迅速、便于携带而且安全性高的警用型自动手枪，所以 P7 系列手枪应运而生。与其他单动／双动自动手枪不同，它放弃了传统的手枪结构射击，展现出独特的导气式延迟开锁装置、握把保险／击发机构，让该枪性能鹤立鸡群。

HKP7型手枪采用半自由枪机式工作原理，只有弹头完全离开枪口时，套筒才能完成抽壳、抛壳等动作，让子弹的动能性发挥到最大。

HKP7型手枪采用击针平移式双动扳机机构，握把前部兼做保险压杆，当手握握把时，保险杆压下，保险解脱；当手松握把时，手枪就回复到保险状态。

HKP7型手枪具有空仓挂机机构，挂机柄和弹匣卡笋左右手可以灵活使用。

该枪的瞄准装置采用机械瞄准具，按照三点可以确定一直线的原理，用眼睛通过照门和准星瞄准目标。

与黑克勒-科赫公司生产的其他型号的手枪相比，HKP7型手枪的快速射击和射程都是最优秀的。

HKP7型手枪采用出气体延迟式开闭锁机构，射击时部分火药的燃气从枪管弹膛前方的小孔进入枪管下方的气室内，给套筒一个向前的力量，延迟套筒的后坐，减小了后坐的振动，让射击更加平稳。

▲ HKP7型手枪扳机

▼ HKP7型手枪弹夹

2.7 M1911A1 式手枪

▲ M1911A1 式手枪

▼ M1911A1 式手枪性能参数

研发者	约翰·勃朗宁	枪口初速	251.46 米/秒
总重	1.105 千克	有效射程	50 米
全枪长	210 毫米	弹容量	7 发
枪管长	127 毫米		
弹药	.45 ACP	瞄准具形式	金属缺口式照门及准星

　　1911 年 3 月 29 日，由勃朗宁设计、柯尔特公司生产的 11.43 毫米口径半自动手枪被选为美军部队的制式辅助武器，并正式命名为"柯尔特 1911 型"（Colt, Model 1911, Caliber .45 ACP），"ACP"表示"柯尔特自动手枪"。在最终形式中，M1911 是后膛闭锁、单动击发的半自动手枪，发射 11.43 毫米口径弹，弹匣容量 7 发，空枪重 1.1 千克，全长 209 毫米，全高 133 毫米，固定瞄准具，不过照门所在的楔形槽允许照门左右微调。手枪最后进行烤蓝处理，并采用有网格纹的木质握把侧片。

▼ M1911A1 式手枪细节图

M1911A1型手枪在自动手枪的发展史上无疑是获得赞誉最多的手枪之一，它是由美国著名枪械设计师和发明家约翰·摩西·勃朗宁设计的。M1911A1型手枪在美军列装长达70年，历经多次战争，虽然在美军重新选枪中落选，但是它独特的设计，仍然令人赞叹。

约翰·摩西·勃朗宁于1855年出生在美国犹他州奥格登镇，他的父亲经营着一家枪铺，勃朗宁少年时代在这家枪械作坊里做工。1897年，勃朗宁和兄弟合伙开了勃朗宁枪支制造厂，同年他设计的"后膛装弹式单发步枪"获得专利，并且开始批量生产。1883年，美国军方温彻斯特公司的一名销售人员买了一支勃朗宁单发步枪送到总部进行评估，随后，这个公司的副总裁用8000美元买下勃朗宁单发步枪的生产专利，并且开始与勃朗宁合作，1897勃朗宁年来到赫斯塔尔国家兵工厂。

约翰·摩西·勃朗宁一生设计了很多枪械，拥有128个枪械专利。

1890年，勃朗宁的第一挺重机枪——柯尔特·勃朗宁重机枪设计成功，成为世界上第一挺导气式原理的机枪。

1900年，勃朗宁设计了第一把自动手枪——M1900。

1911年，勃朗宁设计的M1911半自动手枪成为美军的制式手枪，是历史上销量最大的手枪。

1917年，勃朗宁设计的可半自动或全自动设计的M1918式勃朗宁自动步枪被作为制式武器装备美国军队。

1918年，应美军的要求，勃朗宁设计了12.7毫米口径重型机枪。

1925年，勃朗宁设计的9毫米口径大威力手枪驰名世界。

约翰·摩西·勃朗宁于1926年去世，但是他的创新精神得到了延续，赫斯塔尔国家兵工厂不断推陈出新，成为著名的轻武器制造商。

▼ M1911A1 式手枪枪套

2.8 托卡列夫手枪

▲ 托卡列夫手枪

▼ 托卡列夫手枪性能参数

研发者	费德尔·华西列维奇·托卡列夫	枪机种类	枪管短行程后坐作用、单动
总重	0.84 千克	枪口初速	420 米/秒
全枪长	196 毫米	有效射程	50 米
枪管长	116 毫米	弹容量	8 发
弹药	7.62×25 毫米	瞄准具形式	前后准星

1930 年，苏联著名枪械设计师托卡列夫设计了托卡列夫手枪，是由茨拉兵工厂生产的半自动手枪，也被称为 TT-33 手枪。1930 年被苏联采用，成为苏联的军用制式手枪，后来经过一些小小的改良和简化，又被改名为 TT1930，是世界上最有影响力的手枪之一，许多国家不仅装备和使用，并且大量仿制，但是目前已被淘汰。

苏联制式手枪于 20 世纪 30 年代形成体系，在各个历史时期苏联装备手枪的口径都是不同的，其中以 TT-33 托卡列夫 7.62 毫米手枪、IM 马卡洛夫 9 毫米手枪和 ICM5.45 毫米手枪最有名气。

在第一次世界大战（以下简称一战）结束后，各个国家急需增强火力强度，先后制造和使用半自动手枪作为军用制式手枪。1925年，日本装备14式手枪，1934年又装备94式手枪；意大利装备伯莱塔M1934式手枪；而德国是战败国，规定不能生产军用武器，所以开始生产小型警用手枪。

十月革命后，苏联的装备仅仅只有纳干式7.62毫米军用转轮手枪，所以当时开发国产半自动手枪是十分紧要的事情，于是1930年图拉兵工厂的技术主任托卡列夫开始设计国产半自动手枪。托卡列夫在柯尔特M1911型手枪的基础上简化和修改，于同年成功研制出一种新型手枪——托卡列夫手枪。该枪全枪长196毫米，口径为7.62毫米，弹容量为8发，全枪重850克，主要发射口径7.62毫米、长25毫米的托卡列夫手枪弹，也可发射毛瑟7.63毫米手枪弹。

托卡列夫手枪经过国家的检验，成为正式的苏军制式手枪，并且用图拉和托卡列夫的缩写TT命名，称为TT-30，而TT-30在1933年进行改装，改名为TT-33。

1935年TT-30停产，接班的新式TT-33在1939年开始批量生产。

◀ 枪套内的托卡列夫手枪

▼ 托卡列夫手枪弹膛　　▼ 托卡列夫手枪套

2.9 马卡洛夫手枪

▲ 马卡洛夫手枪

▼ 马卡洛夫手枪性能参数

研发者	尼古拉·马卡洛夫	枪机种类	反冲作用单/双动式扳机
总重	0.81 千克	枪口初速	315 米/秒
全枪长	161.5 毫米	有效射程	50 米
枪管长	93.5 毫米	弹容量	8 发
弹药	9×18 毫米马卡洛夫枪弹	瞄准具形式	刀片式准星，缺口准星

由苏联手枪设计师尼古拉·马卡洛夫研制的马卡洛夫半自动手枪，在 1951 年成为苏联红军的制式手枪，一直服役到 20 世纪末，取代了原来的托卡列夫手枪。时至今日，这款手枪依然在俄罗斯和多个国家生产和使用。

马卡洛夫生于 1914 年，1974 年退休，1988 年去世。他于 20 世纪 40 年代末期开始设计自卫手枪，并且命名缩写为 PM 的马卡洛夫手枪。由于马卡洛夫手枪和多国的沃尔特 PP 手枪结构相近，所以很多人都认为马卡洛夫是在模仿德国手枪，但其实细细看来，马卡洛夫手枪也有自己的优点：零件总数少，固定销少，采用 9×18 毫米马卡洛夫手枪弹。

▲ 马卡洛夫手枪细节图

马卡洛夫手枪结构简单、性能可靠、成本低廉，并且采用简单的自由后座式工作原理，在同一时代的手枪中是最好的紧凑型自卫手枪之一，这些是它的优点，同时它也存在着缺点，它发射的9×18毫米马卡洛夫手枪弹的杀伤力不足，不能打穿防弹背心，并且在性能方面也比不上使用现代化设计的新型手枪。

▲ 尼古拉·马卡洛夫

2.10 CZ83 型手枪

▲ CZ83 型手枪

▼ CZ83 型手枪性能参数

口径	7.65 毫米	枪机种类	自由式枪机
空枪重	0.65 千克	发射方式	单发
全枪长	173 毫米	瞄准具型式	片状准星 矩形缺口式照门
枪管长	96 毫米		
膛线	6 条，右旋	瞄准基线	130 毫米

　　CZ83 型手枪由捷克斯洛伐克枪械设计师库斯基（Koucky）兄弟设计，它采用传统的自由枪机式工作原理，枪管固定和手动保险，双排弹匣供弹，弹匣卡笋左右手均可操作，并且有自动保险机构，当扳机钩没有扣到底时，枪机会阻止击锤运动。

　　CZ83 型手枪有两个特点：（1）握把的设计以人体工程学为基础，采用发射双动原理，操作简单快捷；（2）该枪的弹药通用性强，可以发射多种型号的枪弹，对子弹的依赖性减弱。

　　CZ83 型手枪是矩形缺口罩门，两侧各有白点，片状准星上有白点，便于夜间射击。

▼ 带枪套的 CZ83 型手枪

▼ CZ83 型手枪参数标注细节图

▼ CZ83 型手枪枪膛

2.11 鲁格 P85 式手枪

第 2 章 手枪

▲ 鲁格 P85 式手枪

▼ 鲁格 P85 式手枪性能参数

口径	9 毫米	闭锁方式	枪管摆动式
空枪重	0.907 千克	发射方式	单发
全枪长	200 毫米	瞄准装置	片状准星缺口式照门
枪管长	114 毫米	瞄准基线	155 毫米
自动方式	枪管短后坐式		

  鲁格 P85 式手枪是由美国鲁格公司于 1987 年推出的一种自动手枪，它没有手动保险，是用长行程扳机机构和击发装置的保险的阻铁取代，现在命名为 P89DC。

  20 世纪 80 年代末，在美军第二轮新手枪选型会中，鲁格公司、伯莱塔公司、史密斯·韦森公司相互竞争，最后鲁格公司生产的鲁格 P85 式手枪最终被淘汰，但是依然被喜欢此枪的人念念不忘。

◀ **鲁格 P85 式手枪弹匣**

每把枪都有它自己的特点，鲁格 P85 式手枪和其他手枪相比也有明显的特点。

鲁格 P85 式手枪结构非常简单，全枪只有 56 个简单的零件，拆卸和组装十分方便。鲁格 P85 式手枪的瞄准器具设计得比较独特，准星成刀形，外形较低，靠两个横销固定在套筒上，方形的缺口照门和套筒简单配合，在射击遇到偏风时，照门可以做横向移动进行修正，快速发现目标，获取正确瞄准影像。

鲁格 P85 式手枪非常耐用，测试中发现，在该枪发射 20000 发子弹后，它的受力件并没有出现损伤，而且结构内部的运动部件也没有出现磨痕。

▼ **鲁格 P85 式手枪标志细节图**

2.12 伯莱塔 Px4 "风暴" 型手枪

▲ 伯莱塔 Px4 "风暴"型手枪

▼ 伯莱塔 Px4 "风暴"型手枪性能参数

口径	9 毫米	闭锁方式	后膛闭锁
空枪重	0.785 千克	发射方式	单发
全枪长	192 毫米	瞄准装置	可更换的 3 点式机械瞄具
枪管长	102 毫米	瞄准基线	146 毫米
自动方式	枪管短后坐式		

　　Px4 "风暴"手枪是伯莱塔公司的 "Xx4 风暴"系列武器中的第二种，于 2004 年后期首先在美国推出。Px4 手枪采用与 "美洲狮"系列相同的后坐原理，即回转式枪管的后膛闭锁。

　　伯莱塔公司的传统手枪设计，一向是采用敞开式套筒和卡铁摆动式闭锁原理，这种闭锁方式与大多数手枪所采用的枪管和套筒配合闭锁的方式相比，磨损的只是闭锁卡铁而不是枪管和套筒，但闭锁卡铁在枪管下方占了相当大的空间，使复进簧的长度不能太长。

　　Px4 "风暴"手枪采用模块化的扳机系统，射手可以很容易地更换击发机组。一共有四种型号：F 型，是传统的单 / 双动型，有手动保险 / 待击解脱杆；D 型，纯双动型（DAO），没有手动保险和待击解脱杆，击锤无顶钩；G 型，传统的单 / 双动型，有待击解脱杆，但没有手动保险功能；C 型，官方名称为 "constant action"，其类似于 DAO 型，击锤无顶钩，但扳机扣力较轻。

第 3 章 冲锋枪

冲锋枪也被称为短机枪、短机关枪等，通常指轻型的连发枪械。冲锋枪结构比较简单，枪管较短，以容量较大的弹匣供弹，战斗射速单发为 40 发/分钟，长点射时约为 100～120 发/分钟。与其他枪械比较，冲锋枪比步枪更为短小轻便，火力强劲，适用于近战和冲锋。当前冲锋枪的发展方向是：轻型或微型、通用弹药、大容量供弹匣、使用新材料和工艺等，更能适应特种部队、警察以及安全部门的需要。本章主要介绍了历史上比较有名的几种冲锋枪的由来、构造以及性能等，例如 FN P90 冲锋枪、MP7 冲锋枪、欧文 9 毫米冲锋枪、M3/M3A1 式冲锋枪等，希望读者能对冲锋枪有一个全方位的认识。

3.1 HK MP5 冲锋枪

▲ HK MP5 冲锋枪

▽ HK MP5 冲锋枪性能参数

生产商	HK 公司	枪机种类	滚轮延迟反冲式、闭锁式枪机
总重	2 千克	发射速率	900 发 / 分钟
全枪长	325 毫米	枪口初速	375 米 / 秒
枪管长	115 毫米	弹容量	15 发、30 发可卸式弹匣
弹药	9×19 毫米鲁格弹	瞄准具型式	机械瞄具

　　德国 HK 公司设计和制造的 HK MP5 冲锋枪，由于受到很多国家的军队、保安部队和警队的青睐，作为制式枪械使用，所以该枪具有极高的知名度，也是黑克勒－科赫制造的最著名和生产量最多的枪械产品。

　　HK MP5 采用 HK G3 系列结构复杂的闭锁枪机，并采用传统滚柱闭锁机构来延迟开锁，射击时枪身跳动较小，准确性大大提高。

　　标准型的 HK MP5 虽然有高命中精度、可靠、后坐力低及威力适中的优点，但 HK MP5 结构复杂，容易故障，单价高昂且空枪也比新一代的冲锋枪重。HK MP5 使用手枪弹虽然在可能发生的混战或匪徒胁持人质的场面中防止误杀队友或无辜者，但同样使枪支无法贯穿防弹衣，且射程不远，只有 200 米，难以应付较远距离的敌方步枪兵。

3.2 Uzi 冲锋枪

▲ Uzi 冲锋枪

▼ Uzi 冲锋枪性能参数

研发者	乌兹·盖尔	枪机种类	反冲作用，开放式枪机
总重	3.5 千克	发射速率	600 发 / 分钟
全枪长	470 毫米	枪口初速	约 400 米 / 秒
枪管长	260 毫米	有效射程	120 米
弹药	9×19 毫米鲁格弹、.22 LR、.45 ACP、.41 AE	瞄准具型式	机械瞄具

以色列军事工业公司（IMI）制造的 Uzi 冲锋枪是在 1948 年由乌兹·盖尔设计的一种轻型冲锋枪。

Uzi 冲锋枪轻便、操作简单和偏低的成本，让它成为十分有效的近战武器，尤其适用于清除室内、碉堡和战壕里的有生目标，是机械化部队中常见的自卫武器。Uzi 冲锋枪是目前世界上最广泛使用的枪械之一，直至今天，以色列的特种部队在执行近战任务时仍然会使用它。

Uzi 冲锋枪还衍生出很多不同长度及半自动的武器，而且这些衍生型现在仍然是多个特种部队和执法部门的常见武器之一。

Uzi 冲锋枪有折叠枪托和木质枪托两种，折叠枪托为标准型，木质枪托为早期产品。

3.3 FN P90 冲锋枪

▲ FN P90 冲锋枪

▼ FN P90 冲锋枪性能参数

研发者	FN 公司	口径	5.7 毫米
总重	3.1 千克	枪机种类	反冲作用、闭锁枪机
全枪长	500 毫米	发射速率	900 发/分钟
枪管长	263 毫米	枪口初速	716 米/秒
弹药	5.7×28 毫米	有效射程	150 米

  1990 年，比利时赫斯塔尔国营兵工厂（简称 FN 公司）推出 P90 冲锋枪，它属于个人防卫武器类别的一种枪械，是世界上第一支使用全新弹药的个人防卫武器。P90 的全称为"Project 90"，代表 20 世纪 90 年代的武器专项，它以全新的设计，独特的结构、新口径 5.7×28 毫米的枪弹和优良的性能，引起了世界各国的高度重视。

  从外形上看，P90 冲锋枪非常接近冲锋枪，它是介于手枪和缩短型突击步枪之间的轻量、轻便的自卫武器；它的研发是取代手枪、短突击步枪和冲锋枪，使用对象为驾驶员、操作员、司令部人员和飞行员等。

3.4 MAC10 冲锋枪

▲ MAC10 冲锋枪

▼ MAC10 冲锋枪性能参数

研发者	戈登·B·英格拉姆	枪机种类	反冲作用、开放式枪机、包络式枪机
总重	3.825 千克	发射速率	.45 ACP：1145 发／分钟 9×19 毫米鲁格弹：1090 发／分钟
全枪长	548 毫米	枪口初速	280 米／秒或 366 米／秒
枪管长	146 毫米	有效射程	50 米、80 米
弹药	.45 ACP、9×19 毫米鲁格弹	弹容量	30 发、32 发可拆卸式弹匣

　　美国戈登·B·英格拉姆于 1946 年开始设计英格拉姆 MAC10 冲锋枪，1969 年美国军用武器装备公司开始生产，装备美国、英国、哥伦比亚和以色列等国家的警察和特种部队，是现代名枪之一。为了扩大销售市场，每一种枪都有标准型和民用型两种。

　　MAC10 冲锋枪的意思是军事装备公司 10 型，是一支轻型冲锋枪，也可叫做冲锋手枪。该枪结构紧凑，动作可靠，采用大量高强度钢板冲压件，结实耐用，而且可以装消声器作为微声武器使用，发射 .45 ACP 或者 9×19 毫米手枪子弹。

　　该枪的设计简单，成本较低，与很多枪械的零件可以转换使用，所以很容易制造和维修，由此 MAC10 成为一种冲锋枪枪族，衍生出很多类型。

3.5 MP7 冲锋枪

▲ MP7 冲锋枪

▼ MP7 冲锋枪性能参数

研发者	HK 公司	口径	4.6 毫米
总重	空枪 1.9 千克	枪机种类	短行程活塞气动式，转栓式枪机
全枪长	638 毫米	枪口初速	724.81 米/秒
枪管长	180 毫米	有效射程	200 米
弹药	4.6×30 毫米	弹容量	20 发、30 发、40 发

  1999 年 MP7 冲锋枪正式亮相，2000 年被德军作为制式武器，在此之后，MP7 冲锋枪开始频繁地出现在各种武器交易的展览会中，引起人们的广泛关注，成为轻武器市场的明星，在短短 3 年时间内先后出口到 17 个国家，销售量直线上升。

  MP7 冲锋枪虽然是小型冲锋枪，但是火力和其他突击步枪一样。该枪具有结构紧凑、体积小、质量轻、集突击和自卫于一体等优点，因此受到很多乘车士兵的喜爱。

  MP7 冲锋枪设计紧凑，人机工效好。该枪有可以左右手使用的快慢机、弹匣扣和保险机，除了更换弹匣这一项，剩下的操作完全可以由一只手完成。

3.6 PP2000 冲锋枪

▲ PP2000 冲锋枪

▼ PP2000 冲锋枪性能参数

生产商	图拉兵工厂	枪机种类	直接反冲作用
总重	空枪 1.4 千克	发射速率	600～800 发 / 分钟
全枪长	555 毫米	枪口初速	460～600 米 / 秒
弹药	9×19 毫米鲁格弹	有效射程	100 米
口径	9 毫米	弹容量	20 发、44 发

　　由图拉兵工厂著名设计师戈里亚捷夫院士和什浦诺夫教授研制的 PP2000 冲锋枪，在 2004 年莫斯科举办的国际军备展上首次露面，该枪以其新奇和有趣的外形，吸引了很多人的眼球。

　　PP2000 冲锋枪融合了"单兵自卫武器"的概念，结构非常简单，零部件也非常少，外形紧凑，枪体小巧，可以和现代的战斗手枪相比，这样就降低了维护和制造的成本，取代了卡拉什尼科夫步枪和马卡洛夫手枪。

　　PP2000 冲锋枪非常适合作为非军事人员的个人防卫武器或者是特种部队和警察队的室内近距离作战武器。该枪配用 20 发、44 发可拆式弹匣，理论射速在 600 发 / 分钟，在连发射击时能确保射击的密集度和有效性。该枪最大的特点就是枪虽小，但是杀伤力却很大。

3.7 TMP 冲锋枪

▲ TMP 冲锋枪

▼ TMP 冲锋枪性能参数

生产商	斯太尔－曼利彻尔公司	口径	9 毫米
总重	空枪 1.3 千克	枪机种类	枪管短行程后坐作用、闭锁式枪机
全枪长	282 毫米	发射速率	800~900 发 / 分钟
枪管长	130 毫米	枪口初速	380 米 / 秒
弹药	9×19 毫米	有效射程	50~100 米

北约提出个人防卫武器（PDW）的概念后，除了 P90 使用专用弹药的 PDW 外，还有一些使用传统手枪弹药的 PDW，斯太尔 TMP 就是其中之一。

最初的 TMP 并没有枪托，当时设计人员认为枪托会影响士兵的反应速度，因为 TMP 的用途是非一线战斗人员的 PDW，TMP 必须让这些没受过严格训练的人能够很容易地在交战的压力下迅速进入射击状态。虽然没有枪托，但在下机匣上有整体式的前握把，且有背带环，不但方便携带武器，而且只要把背带调整成适当的长度，射手双手紧握武器并且向前伸直时，让背带刚好崩紧，就能有效地控制武器的精度。

TMP 的结构与传统冲锋手枪不同，没有套筒，分上、下两个机匣，其中机匣内装有枪管、枪机，下机匣内装有扳机组、击锤组和保险装置。同时上、下机匣是聚合物制成的，两者的连续缝很清晰，而中间又有一个滑动式的分解按钮，就像手枪的空仓挂机柄，很容易让人将上机匣误认为是普通半自动手枪的套筒。

TMP 在刚推出几年内销量不大，斯太尔－曼利彻尔公司便尝试将它当作普通的冲锋枪销售，并采纳一些顾客的建议，增加了一个可拆卸的塑料枪托。可是，TMP 最终还是被斯太尔－曼利彻尔公司放弃，而被瑞士 B&T 公司购买，稍加改进后，又以 MP9 的名称销售。

3.8 Vz61 "蝎"式冲锋枪

▲ Vz61"蝎"式冲锋枪

▼ Vz61"蝎"式冲锋枪性能参数

生产商	乌尔斯基·布罗德国营兵工厂，扎斯塔瓦武器公司	枪机种类	反冲作用，闭锁式枪机
总重	1.3 千克	发射速率	850 发/分钟
全枪长	枪托折叠 276 毫米，枪托打开 522 毫米	枪口初速	320 米/秒
枪管长	115 毫米	有效射程	50～100 米
弹药	.32 ACP	弹容量	10 发或 20 发弧形弹匣，9 毫米口径衍生型采用直型弹匣

　　Vz61"蝎"式冲锋枪是 20 世纪 50 年代末由捷克斯洛伐克的设计师米罗斯拉夫·里巴兹研制的，1969 年 8 月该枪在布拉格露面，主要装备捷克斯洛伐克特种部队和警察，以及非洲国家的军队和警察。

　　Vz61"蝎"式冲锋枪的口径为 7.65 毫米，体积和手枪差不多大，所以有人认为它应该属于冲锋手枪。该枪最初是要设计成大小适中的双用途武器，既可以像手枪一样单手单发设计，代替手枪作为个人防卫武器，又可以像冲锋枪那样双手抵肩连发射击，成为近距离战斗中的突击武器。

　　Vz61"蝎"式冲锋枪的实战效果不太理想，但是在轻武器历史上占有一席之地，受到捷克斯洛伐克警察、安全部队和反恐部队的喜爱，得到广泛采用。

3.9 欧文 9 毫米冲锋枪

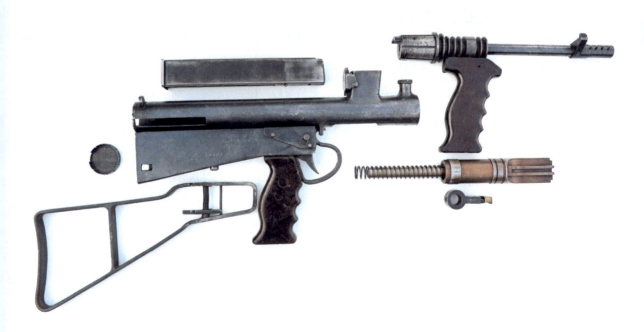

▲ 欧文 9 毫米冲锋枪

▼ 欧文 9 毫米冲锋枪性能参数

研发者	伊夫林·欧文	枪机种类	直接反冲作用、开放式枪机
总重	4.24 千克	发射速率	700 发 / 分钟
全枪长	806 毫米	枪口初速	380～420 米 / 秒
枪管长	247 毫米	表尺射程	92 米
弹药	9×19 毫米、.38/200、.45 ACP	弹容量	32 发、33 发可拆卸式弹匣

　　约翰·莱萨特有限公司生产的欧文 9 毫米冲锋枪是澳大利亚设计和生产的第一支冲锋枪。该枪原本是在 1939 年 7 月，由一名叫伊夫林·欧文的发明家设计的一种 .22LR 口径的冲锋枪，后来由约翰·莱萨特有限公司进行改进和生产。1939 年 11 月 20 日起该枪开始被澳大利亚军队采用，1941～1962 年期间都是澳大利亚军队的制式武器。

　　欧文 9 毫米冲锋枪由澳大利亚陆军中尉伊夫林·欧文设计，1942 年生产了欧文冲锋枪的基本型 MK Ⅰ /42 式。以后又经过几次改型，包括 1943 年研制的 MK Ⅰ /43 式和 MK Ⅱ /43 式冲锋枪，以及 1944 年研制的 MK Ⅰ /44 式冲锋枪。1943 年的两种冲锋枪属试验产品，只生产了 202 支。欧文系列冲锋枪共生产了大约 45000 支。

3.10 PPS-43式7.62毫米冲锋枪

▲ PPS-43 式 7.62 毫米冲锋枪

▼ PPS-43 式 7.62 毫米冲锋枪性能参数

研发者	阿列克谢·伊万诺维奇·苏达耶夫	枪机种类	反冲式
总重	3.86 千克	发射速率	650 发/分钟
全枪长	831 毫米	枪口初速	500 米/秒
枪管长	240 毫米	弹容量	35 发
弹药	7.62×25 毫米托卡列夫手枪弹	瞄准具型式	刀片式瞄具

PPS-43 式 7.62 毫米冲锋枪是由苏联苏大列夫工程师在 PPS-42 式冲锋枪的基础上改进制造出来的，于 1943 年正式成为苏军制式武器，直到第二次世界大战（以下简称二战）后停止生产，在这期间一共生产了大约 100 万支。该枪也受到很多国家的喜爱，曾广泛装备于捷克斯洛伐克、保加利亚和匈牙利等国家，中国、芬兰、民主德国和波兰等国家也进行了仿制生产。虽然现在该枪已经被撤出部队装备，但是还有一些国家的边防部队和警察仍然在使用该枪。

3.11 汤普森冲锋枪

▲ 汤普森冲锋枪

▼ 汤普森冲锋枪性能参数

研发者	约翰·汤普森	口径	11.43毫米
总重	4.9千克	枪机种类	延迟闭锁系统（早期型）、M1/M1A1：气体反冲式
全枪长	852毫米	发射速率	600~800发/分钟，取决于不同型号
弹药	11.43×23毫米	弹容量	20发或30发弹匣、50发或100发弹匣鼓

  汤普森冲锋枪是20世纪初由约翰·汤普森设计、美国自动武器公司生产，又被称为"芝加哥打印机"、汤米冲锋枪、汤姆逊机关枪、"芝加哥钢琴""芝加哥小提琴"以及手提机枪等，是美国军队在二战中最著名的冲锋枪，除了受到军人的喜爱，也是当时美国警察和罪犯非常喜爱的武器样式。

  汤普森冲锋枪最早生产的型号为M1921，后来又出现了M1923和M1928系列冲锋枪，其中M1928A1在1930年研制成功，并且装备在美过军队当中。1942年，在M1928A1式的基础上，研制了M1式冲锋枪，成为美军中的第一支制式冲锋枪，后来又在M1式的基础上，改进为M1A1冲锋枪。

3.12 ZK383式9毫米冲锋枪

▲ ZK383 式 9 毫米冲锋枪

▲ ZK383 式 9 毫米冲锋枪准星　　▲ ZK383 式 9 毫米冲锋枪弹匣　　▲ ZK383 式 9 毫米冲锋枪机体

▼ ZK383 式 9 毫米冲锋枪性能参数

研发者	约瑟夫、弗兰克斯克·库凯	弹药	9 毫米鲁格弹
总重	4.25 千克	发射速率	500～700 发 / 分钟
全枪长	875 毫米	最大射程	250 米
枪管长	325 毫米	弹容量	30 发、40 发可拆卸弹匣

由捷克斯洛伐克的设计师约瑟夫和弗兰蒂斯克·库凯设计、国营布尔诺兵工厂生产的 ZK383 式 9 毫米冲锋枪，1933 年获得专利，1948 年停止生产。该枪在二战中，不仅供捷克斯洛伐克军队和德国军队使用，也是比利时的制式武器，其他国家的军队也曾经装备过此枪，如巴西和委内瑞拉等南美国家。

ZK383 式 9 毫米冲锋枪瞄准具采用机械瞄准具，发射 9 毫米帕拉贝鲁姆手枪弹，还具有以下几个结构特点：第一，工作原理采用自由枪机式，开膛待机；第二，该枪配有两脚架，还可以快速地更换枪管；第三，该枪有两种射速——500 发 / 分钟和 700 发 / 分钟；第四，该枪有两种变形枪，即 ZK383P 和 ZK383H。

3.13 司登冲锋枪

▲ 司登冲锋枪

▼ 司登冲锋枪性能参数

研发者	谢菲尔德、特尔宾	口径	9毫米
总重	3.18千克	枪机种类	提前击发底火式反冲作用及开放式枪机
全枪长	760毫米	发射速率	约500发/分钟
枪管长	196毫米	枪口初速	365米/秒
弹药	9×19毫米	弹容量	32发

　　1940年，英国轻武器设计师谢菲尔德和特尔宾设计了司登冲锋枪（司登为STEN的发音，由两名设计师名字的前两个字母组成），1941年由英国皇家恩菲尔德兵工厂制造。该枪是二战的产物，是英国军队的制式武器。在二战中，该枪是盟军主要装备的冲锋枪之一，经受了战争的考验，是一支非常优秀的冲锋枪。

　　司登冲锋枪是以MK1式为原型，口径为9毫米。该枪乍一看以为是由大大小小的罐子组成的，有人嘲笑它为"水管工人的杰作"；它的制造成本非常低，又有人笑称它为"伍尔沃思玩具枪"。该枪结构简单，性能可靠，造价低廉，一共生产了75万支。

3.14 MP38/40式9毫米冲锋枪

▲ MP38/40 式 9 毫米冲锋枪

▼ MP38/40 式 9 毫米冲锋枪性能参数

研发者	海因里希·沃尔墨	枪机种类	提前击发底火式反冲作用及开放式枪机
总重	4 千克	发射速率	500 发 / 分钟
全枪长	833 毫米	枪口初速	约 380 米 / 秒
枪管长	251 毫米	有效射程	约 100 米
弹药	9×19 毫米鲁格弹	弹容量	32 发

　　1938 年，德国埃尔马兵工厂为了满足装甲部队和伞兵部队的需要而生产了 MP38 式 9 毫米冲锋枪，同年在部队列装，取名为 MP38 式。该枪在 1939 年进行改进，改进后命名为 MP38/40 式。后来，为了简化加工工艺、降低成本，又对 MP38/40 式进行改进，改进成 MP40/Ⅰ式和 MP40/Ⅱ式等系列冲锋枪。

　　MP38 式 9 毫米冲锋枪是世界上第一支成功使用折叠枪托和使用钢材与塑料制成的冲锋枪。MP40 式 9 毫米冲锋枪大量采用冲、焊和铆工艺制造组件，具有良好的加工经济性和零件互换性。

　　MP38 式 9 毫米冲锋枪采用的工作原理是自由枪机式。复进簧装在三节不同直径套叠的导管内，导管前端为击针。射击时，枪机后坐带动击针运动，并压缩导管内的复进簧，让复进簧平稳运动。

　　MP38 式 9 毫米冲锋枪的枪口安装有空包弹射击时用的螺纹，螺纹上面有保护衬套。枪托用钢管制成，折叠之后正好在机匣下方，机匣用钢管制成，发射机框用阳极氧化处理的铝件，握把和前护木均为塑料件。

　　该枪的保险机构为简易保险，是通过拉机柄推入机柄槽内的缺口实现保险，这种保险动作不可靠，容易发生走火，后来，MP40 式 9 毫米冲锋枪将单体拉机柄改成双体拉机柄，并且在机匣机柄槽的前端设置一个缺口，让枪机能够挂在前方位置，这样就增强了保险作用。

3.15 贝雷塔 M1938 冲锋枪

▲ 贝雷塔 M1938 冲锋枪

▼ 贝雷塔 M1938 冲锋枪性能参数

原产地	意大利	口径	9 毫米
总重	4.97 千克	枪机类型	自由式枪机
全枪长	1149 毫米	发射速率	550 发 / 分钟
枪管长	315 毫米	弹容量	10 发、20 发、30 发和 40 发弧形弹匣
弹药	9 毫米派拉贝鲁姆		

伯莱塔 M1938A 式冲锋枪是帕洛沙冲锋枪的改进型，1938 年初由图利奥·马恩戈尼设计，皮特·伯莱塔公司制造，是马恩戈尼在 1918~1938 年间设计得最好的一支枪。此枪的初样枪是 1935 年研制出来的，后经改进成为 M1938A 式冲锋枪。1938 年初正式批量生产。

M1938A 式冲锋枪是世界公认的最优秀的冲锋枪之一，它的射击精度比其他同类武器高得多。此枪除意大利生产外，其他国家也生产过，如阿根廷曾于 1947 年生产过一批。该枪采用自由枪机式自动原理，可单、连发射击，没有快慢机，采用双扳机机构，前扳机是单发，后扳机是连发。瞄具是片状准星，"V" 形缺口照门表尺。

3.16 M3/M3A1 冲锋枪

▲ M3/M3A1 冲锋枪

▼ M3/M3A1 冲锋枪性能参数

原产国	美国	口径	11.43 毫米
总重	3.47 千克	枪机种类	反冲作用
全枪长	757 毫米	发射速率	450 发 / 分钟
枪管长	203 毫米	弹容量	30 发
弹药	11.43 毫米 ×2 ACP 手枪弹		

　　M3 冲锋枪是在二战爆发之后，根据战争中对冲锋枪的日益需求增加，在 M1928A1 汤姆森冲锋枪的基础上进行简化制造出来的，命名为 M1 汤姆森冲锋枪，后来又在 M1 基础上制造了 M1A1 汤姆森冲锋枪。在迫切需要大量冲锋枪的局面中，根据试验的结果，美国陆军下达了试制海德 2 冲锋枪的指令，命名为 M2 冲锋枪，但是由于 M2 冲锋枪在设计上有很多的缺陷，所以停止生产。后来美国开始寻找新的冲锋枪，1942 年 10 月，美国陆军技术部正式推进了新型冲锋枪的开发计划，制造的新型冲锋枪就是现在的 M3 冲锋枪。

3.17 PPSH-41 冲锋枪

▲ PPSH-41 冲锋枪

▼ PPSH-41 冲锋枪性能参数

研发者	格奥尔基·谢苗诺维奇·斯帕金	枪机种类	开放式枪机、反冲作用
总重	空枪 3.63 千克	发射速率	700～1000 发 / 分钟
全枪长	843 毫米	枪口初速	488 米 / 秒
枪管长	269 毫米	有效射程	150～250 米
弹药	7.62×25 毫米托卡列夫手枪弹	弹容量	35 发可拆卸式弹匣、71 发可拆卸式弹鼓

　　苏联著名轻武器设计师斯帕金设计的 PPSH41 式 7.62 毫米冲锋枪，中文名称为波波沙冲锋枪或人民冲锋枪，是由图拉兵工厂、硬件武器和机械工程工厂共同生产的，经过 1940 年年末到 1941 年年初的全面部队试验后，1941 年正式装备在苏军陆军步兵、突击队和摩托化部队中，1942 年中期开始大量生产，直到 20 世纪 40 年代末。该枪在二战中屡建奇功，是二战时期的名枪，它的出现取代了 PPD 系列冲锋枪。

　　PPSH41 式 7.62 毫米冲锋枪采用自由式枪机原理，开膛待机，带有可以进行单发和连发转换的快慢机，使用苏联标准手枪和冲锋枪的弹药 7.62×25 毫米托卡列夫手枪弹。

　　该枪还有很多国家曾使用过，例如奥地利、贝宁、古巴、芬兰、蒙古国、波兰、韩国、老挝、朝鲜、摩洛哥和印度尼西亚等。

3.18 M1931式索米冲锋枪

▲ M1931 式索米冲锋枪

▼ M1931 式索米冲锋枪性能参数

研发者	莱迪公司	枪机种类	后坐作用
总重	4.6 千克	发射速率	750～900 发 / 分钟
全枪长	870 毫米	枪口初速	396 米 / 秒
枪管长	314 毫米	有效射程	大约 200 米
弹药	9×19 毫米帕拉贝鲁姆手枪弹	弹容量	20 发、36 发、40 发或 50 发可卸式弹匣，71 发可卸式弹鼓

  1929～1930 年期间，莱迪公司在 M26 的基础上推出一款新型冲锋枪，于 1931 年在芬兰蒂卡科斯基兵工厂投入批量生产，并且被芬兰军队正式列装，命名为 M1931 式。

  M1931 式索米冲锋枪在 M26 的基础上推出，其中只保留了 M26 冲锋枪的可拆卸枪管和拉机柄，剩下的基本上都重新进行了设计。M1931 式索米冲锋枪全枪的长度和 M26 相比缩短了 4 厘米，取消了射速调节机构；快慢机 - 保险手柄设置在扳机附近；采用片状准星和弧形式可调表尺，最大射程可达到 500 米；套筒前方设计成向下的斜面，起到了防跳作用，在设计的时候能够更加平稳，容易操作；木质的枪托也改进成了可以抵肩更加舒适的效果；弹容量为 25 发盒式直弹匣和 40 发弹鼓。

  M1931 式索米冲锋枪的变形枪有很多种，除了加装枪口帽、在弹匣和扳机护圈之间增加小握把之外，还有一种非常有趣的变型枪，是安装在"维克斯"坦克上使用的试验样枪。

第4章 步枪

步枪是单兵肩射的长管枪械，通常用于发射枪弹，杀伤暴露的有生目标。步枪依照用途可分为普通步枪、骑枪、突击步枪以及狙击步枪。现代步枪通常采用多种自动方式和多种发射方式，具有初速大、寿命长、结构简单等特点。同时，步枪也在不断改进和发展，向加强火力、点面杀伤能力和破甲一体化、步枪和班用机枪合二为一、改善瞄准装置等方向发展。本章分别从由来、构造、性能等方面对几种典型步枪进行介绍，能够让读者从整体上了解步枪的发展历程。

4.1 AK47 突击步枪

▲ AK47 突击步枪

▼ AK47 突击步枪枪性能参数

研发者	卡拉什尼科夫	枪机种类	长行程导气式活塞、转栓式枪机
总重	空枪 4.3 千克	发射速率	600 发 / 分钟
全枪长	870 毫米	枪口初速	710 米 / 秒
枪管长	415 毫米	有效射程	300 米
弹药	7.62×39 毫米	弹容量	30 发、40 发弹匣，75 发、100 发弹鼓

  AK47 突击步枪的全名是 Automatic Kalashnikov 1947 Rifle，"A"代表着突击枪的第一个首字母，"K"代表着研发者卡拉什尼科夫，"47"代表着 1947 年将此枪定型。它是由苏联枪械设计师卡拉什尼科夫设计的世界上最著名的突击步枪，有坚固耐用、结构简单等特点，一度成为世界各国士兵最喜爱的步枪。

  AK47 突击步枪火力强，1 分钟发射的弹药量是 M14 的两倍，使用威力适中的 M43 短弹，质量较轻，所以士兵身上携带的弹药较多，经常在作战的时候凭借火力的凶猛压得对方抬不起头。AK47 突击步枪性能可靠，特别适合泥水地区作战。

  AK47 突击步枪得到了广泛使用，装备于 50 多个国家的军队之中，还被多个国家仿制。

4.2 M16 突击步枪

▲ M16 突击步枪

▼ M16 突击步枪性能参数

研发者	尤金·斯通纳	口径	5.56 毫米
总重	4.0 千克	枪机种类	直接导气式，转栓式枪机
全枪长	1006 毫米	发射速率	750～900 发 / 分钟
枪管长	508 毫米	枪口初速	975 米 / 秒
弹药	5.56×45 毫米北约标准步枪弹	有效射程	550 米

　　M16 是美国军方指定的代号，是通过阿玛莱特 AR-15 发展得来的步枪家族，属于一支突击步枪，使用北约标准的 5.56 毫米口径弹药，由柯尔特轻武器公司和 FN 公司制造，成为美国流行的民用枪械之一。

　　二战后，M16 是美国换装的第二代步枪，同时也是世界上第一种装备部队并且参加实战的小口径步枪，对后来的轻武器小型化产生了深远的影响。直到今天，M16 系列步枪被将近 100 个国家使用，被誉为当今世界六大名枪之一。

　　M16 是用钢、铝和复合塑料制作而成的，非常轻巧。它的工作原理是由高压气体通过导气管直接推动枪机框操作、启动的回转式枪机。

4.3 G36 突击步枪

▲ G36 突击步枪

▼ G36 突击步枪性能参数

研发者	HK 公司	枪机种类	短行程导气式活塞，转栓式枪机
重量	3.63 千克	发射速率	750 发 / 分钟
全枪长	999 毫米	枪口初速	920 米 / 秒
枪管长	480 毫米	有效射程	800 米

G36 是由德国 HK 公司制造的突击步枪，是在 HK50 自动步枪和 MG50 班用轻步枪的基础上研制的新型步枪，是由德国联邦国防军装备的一种自动步枪。该枪采用导气式自动原理，塑料材质的表面有利于防止腐蚀，同时也大大减轻了该枪的重量，配有精准的瞄准装置，采用光学瞄准具设计，射击精准率大大提高，是一支性能可靠、成本较低的步枪。

G36 突击步枪优异的性能让 HK 公司对其投入了更多的精力，在 G36 标准型突击步枪的基础上进行了不同程度的改造，推出了几种变形枪，分别是 G36 标准型突击步枪、G36K 短步枪、G36 卡宾枪、G36E 步枪、G36 运动步枪、G36 概念狙击步枪、G36C 突击步枪和 MG36 轻机枪。

4.4 FAMAS 突击步枪

▲ FAMAS 突击步枪

▼ FAMAS 突击步枪性能参数

研发者	保罗·泰尔	口径	5.56 毫米
总重	3.61 千克	枪机种类	杠杆延迟反冲式
全枪长	719 毫米	发射速率	900~1000 发/分钟
枪管长	450 毫米	枪口初速	960 米/秒
弹药	5.56×45 毫米	有效射程	300 米

1967 年，主设计师轻武器专家保罗·泰尔开始研制 FAMAS 突击步枪，由法国 GIAT 集团下属的圣·艾蒂安兵工厂生产。FAMAS 在法语中是"轻型自动步枪"，我国称其为"法玛斯"，是法国军队和警队的制式武器，也是著名的无托式步枪之一。该枪研制的指导思想是：既能够取代 MAT49 式（法国的日蒂勒，简称 MAT）9 毫米冲锋枪和 MAS 49/56 式 7.5 毫米步枪，又能取代一部分轻机枪。

FAMSA 突击步枪的外形非常有特色，自带两脚架，长长的整体式瞄具提拔，枪机位于枪托内，抛壳的方向可以左右两边变换。该枪不需要安装附件便可以发射枪榴弹，也可发射人员杀伤弹、反坦克弹、烟雾弹和反器材弹等。

FAMAS 突击步枪最初推出的型号为 FAMAS F1，后来又改进为 FAMAS G2，这两种枪都有一款短枪管的型号，FAMAS 还推出过一种出口到美国的半自动的型号。

4.5 斯太尔 AUG 突击步枪

▲ 斯太尔 AUG 突击步枪

▼ 斯太尔 AUG 突击步枪性能参数

研发者	斯太尔	口径	5.56 毫米
总重	空枪 3.8 千克	枪机种类	短行程导气式活塞，转栓式枪机
全枪长	690～790 毫米	发射速率	680～800 发 / 分钟
枪管长	407 毫米	枪口初速	940 米 / 秒
弹药	5.56×45 毫米北约制式弹药	有效射程	450～600 米

　　1977 年奥地利斯太尔－曼利夏公司推出军用自动步枪斯太尔 AUG，是历史上首次正式列装、实际采用牛犊式设计的军用步枪。该枪是一种导气式、弹匣供弹和设计方式可选择的无托结构步枪，由于其优良的设计、品质和美观的外形，受到很多军队和民用用户的喜爱。

　　斯太尔 AUG 突击步枪于 1960 年后期开始研制，主设计师有三人，分别是霍斯特·韦斯珀、卡尔·韦格纳和卡尔·摩斯，研制目的是为了取代奥地利军方使用的 FN FAL 自动步枪。当时军方对斯太尔 AUG 突击步枪的设计提出如下要求：重量不能超过 M16 步枪，精度不低于 FN FAL，全长不能超过现代冲锋枪的长度，在恶劣作战环境中使用，性能不能低于 AKM 突击步枪。

4.6 FNC 式 5.56 毫米突击步枪

▼ FNC 式 5.56 毫米突击步枪

▼ FNC 式 5.56 毫米突击步枪细节部件展示

▼ FNC 式 5.56 毫米突击步枪性能参数

生产商	FN 公司	口径	5.56 毫米
总重	3.8 千克	枪机种类	长行程导气式活塞，转栓式枪机
全枪长	997 毫米	发射速率	700 发 / 分钟
枪管长	450 毫米	有效射程	450 米
弹药	5.56×45 毫米北约制式弹药	弹容量	30 发 STANAG 弹匣

　　1975 年，FNC 式 5.56 毫米突击步枪由比利时 FN 公司在 FNCAL5.56 毫米突击步枪的基础上研制，并且推出和生产。目前除了比利时外，还有尼日利亚、瑞典和印度尼西亚等国家装备该枪。

　　FN 公司在 1976 年制造出样枪，但是在选型试验中枪机出现故障，退出了竞争行列，在接下来的时间中，FN 公司针对暴露的问题进行了改进，1979 年 5 月，FNC 式 5.56 毫米突击步枪开始投入生产。

4.7 加利尔突击步枪

▲ 加利尔突击步枪

▼ 加利尔突击步枪性能参数

研发者	以色列·加利尔、雅各布·利奥尔	口径	5.56 毫米
总重	4.35 千克	枪机种类	长行程导气式活塞、转栓式枪机
全枪长	987 毫米	发射速率	630~750 发/分钟
枪管长	460 毫米	枪口初速	980 米/秒
弹药	5.56×45 毫米北约制式弹药	有效射程	300~500 米

1967 年的"六日战争"中，以色列大量装备 FN FAL 自动步枪，此枪在沙漠环境中不能正常使用，而且故障频发，所以以色列的 IMI（以色列军事工业公司，又名 Taas 或 IMI）首席武器设计师加利尔便开始进行各种武器的野战试验，得出"卡拉什尼科夫自动步枪是一只沙漠虎"的理论，于是便和另外一位设计师带领研制小组，开始设计一种发射 5.56 毫米 M193 弹的新型步枪，而加利尔突击步枪便是设计的产物。

1969 年，加利尔和乌兹·盖 尔两名以色列著名设计师将设计的作品放在一起，在野战沙漠环境中竞争，加利尔小组设计的步枪表现突出，所以在 1972 年，以色列国防部采用加利尔设计的步枪取代了 FN FAL 步枪。

4.8 SG550 式 5.56 毫米突击步枪

▲ SG550 式 5.56 毫米突击步枪

▼ SG550 式 5.56 毫米突击步枪性能参数

研发者	SIG Arms AG	口径	5.56 毫米
总重	空枪 4.05 千克	枪机种类	长行程导气式活塞、转栓式枪机
全枪长	998 毫米	发射速率	700 发 / 分钟
枪管长	528 毫米	枪口初速	905 米 / 秒
弹药	.90 5.6 毫米、5.56×45 毫米北约制式弹药	有效射程	400 米

瑞士 SG550 式 5.56 毫米突击步枪于 1984 年年初开始装备在瑞士陆军中。20 世纪 70 年代中后期，在世界轻武器小口径浪潮的推动下，瑞士军方也要设计一支小口径的步枪来取代 SG510 系列 7.62 毫米步枪，于是瑞士军械部制订了一份招标细节，除了在坚固性、操作性和安全性方面的要求外，还要求新型小口径步枪要能满足各个部队使用，在 300 米的距离内有良好的精确度，重量要小于 SG510 式 7.62 毫米步枪。

瑞士 SG550 式 5.56 毫米突击步枪是一支设计比较成功的小口径步枪。它不仅坚固耐用，可靠性高，机动性强，而且耐高温、抗严寒，在供弹方面很有特色，可以同时将 3 个或者更多的弹匣安装在枪上。该枪还配有两脚架，也可以发射枪榴弹。

4.9 L85A1 突击步枪

▲ L85A1 突击步枪

▼ L85A1 突击步枪性能参数

生产商	恩菲尔德兵工厂	口径	5.56 毫米
总重	空枪 3.82 千克	枪机种类	短行程导气式活塞、转栓式枪机
全枪长	785 毫米	发射速率	610～775 发 / 分钟
枪管长	518 毫米	枪口初速	900 米 / 秒
弹药	5.56×45 毫米北约制式弹药	有效射程	450 米

  L85A1 突击步枪的中文名称为 L85A1 式 5.56 毫米突击步枪，由英国恩菲尔德兵工厂制造，为制式武器，装备在英国步兵部队、皇家海军和空军中使用。该枪分为两种样式，一种是有提把的 L85A1 突击步枪，另一种是没有提把的 L85A1 突击步枪。步兵部队使用的是没有提把的 L85A1 突击步枪，其他部队使用的是有提把的 L85A1 突击步枪。

  在 20 世纪 70 年代初，英国恩菲尔德兵工厂准备生产 4.85 毫米口径的单兵武器，但是美国和北约国家制造了 5.56 毫米的小口径步枪，所以英国也改为 5.56 毫米小口径，并且研制样枪。1985 年 10 月 2 日，英国陆军正式接受第一批步枪，命名为恩菲尔德 SA80 式，后来改名为 L85A1 式 5.56 毫米单兵武器，也就是现在的 L85A1 式 5.56 毫米突击步枪。

4.10 AKM 突击步枪

▲ AKM 突击步枪

▼ AKM 突击步枪性能参数

研发者	卡拉什尼科夫	枪机种类	长行程导气式活塞，转栓式枪机
总重	3.1 千克	发射速率	600 发 / 分钟
全枪长	880 毫米	枪口初速	715 米 / 秒
枪管长	415 毫米	表尺射程	1000 米
弹药	7.62 × 39 毫米	弹容量	20 发、30 发

　　AKM 突击步枪全名为卡拉什尼科夫自动步枪改进型，在 1953～1954 年由枪械设计师卡拉什尼科夫通过对 AK-47 突击步枪改进得来。1959 年由图拉兵工厂和伊热夫斯克机器制造厂投产，并且装备在苏联军队中，在世界各地也广泛装备，称为迄今为止生产量最高、影响最大的 AK 步枪。

　　AKM 突击步枪采用冲铆机匣代替 AK-47 型的铁削机匣，大大缩小了制造成本，而且质量较轻，这些是它的主要特点。

　　AKM 突击步枪有两种，一种为标准固定式木质枪托型，另一种为折叠式金属枪托型（也被称为 AKMC 步枪）。

4.11 AS VAL 特种突击步枪

▲ AS VAL 特种突击步枪

▼ AS VAL 特种突击步枪性能参数

研发者	中央精密机械工程研究院	枪机种类	长行程导气式活塞、滚转式枪机
总重	2.96 千克	发射速率	约 800～900 发 / 分钟
全枪长	875 毫米	枪口初速	295 米 / 秒
枪管长	200 毫米	有效射程	300 米
弹药	9×39 毫米	弹容量	10 发、20 发弹匣；30 发 SR-3 Vikhr 专用弹匣

　　AS 是 Avtomat Spetsialnij 的缩写，中文名称为"特种突击步枪"。AS VAL 于 1980 年由苏联中央精密机械工程研究院的彼德罗·谢尔久科领导的研究小组研制。设计目标是要达到发射式时没有噪音、没有光焰，并且射程可以达到 400 米，还可以发射破甲弹。该枪配有特制的枪口消音器以降低噪音，可以安装光学或夜视瞄准镜，枪托可以折叠。

　　AS VAL 特种突击步枪是在小型突击步枪机匣的基础上研制的，它可以发射 SP-6 和 PAB-9 弹，但主要发射 SP-5 普通弹。该枪于 1980 年后期开始装备部队，在苏联 / 俄罗斯的侦察部队和特种部队中得到了广泛的应用。

4.12 9A-91 突击步枪

▲ 9A-91 突击步枪

▼ 9A-91 突击步枪性能参数

研发者	图拉兵工厂	枪机种类	长行程活塞气动式、转栓式枪机
总重	2.5 千克	发射速率	700～900 发/分钟
全枪长	枪托折叠 383 毫米，枪托打开 605 毫米	枪口初速	270～680 米/秒
弹药	9×39 毫米口径	有效射程	200 米
口径	9 毫米	弹容量	20 发可拆卸式弹匣

9A-91 突击步枪是 1992 年由图拉兵工厂研制和生产的，发射 9×39 毫米亚音速步枪子弹。

9A-91 突击步枪是气动式操作、转栓式枪机的枪械。气动式操作类型是长行活塞传动，位于枪管上方，转栓式枪机是 4 个锁耳的设计。该枪的拉机柄位于枪机机框右侧，早期的 9A-91 突击步枪是焊接固定式，后来则改为了向上方折叠的样式。

9A-91 突击步枪衍生出 A-91 和 VSK-94 两种枪支。A-91 和 9A-91 突击步枪基本相同，只是 A-91 是无托结构步枪版本，VSK-94 是 9A-91 突击步枪的狙击枪版本。

9A-91 突击步枪有很多竞争对手，例如 AS Val、SR-3 和 AK-9。

4.13 M1 加兰德步枪

▲ M1加兰德步枪

▲ M1加兰德步枪拆解图

▼ M1加兰德步枪性能参数

研发者	约翰·加兰德	口径	7.62毫米
总重	4.2~4.6千克	枪机种类	长行程导气式活塞，转栓式枪机
全枪长	1100毫米	枪口初速	853米/秒
枪管长	610毫米	有效射程	457米
弹药	7.62×63毫米	弹容量	8发一体化漏夹、内置弹仓

  M1加兰德步枪由约翰·坎特厄斯·加兰德设计，也因设计师约翰·坎特厄斯·加兰德而命名，中国称它为"大八粒"。

  M1加兰德步枪在1936年取代了美国制式M1903春田步枪，1937年投产，成为二战时期装备的制式步枪，是二战中最著名的步枪之一。美国著名将军乔治·巴顿对它的评价是："曾经出现过的最了不起的战斗武器"。它也是世界上第一种大量服役的半自动步枪，于1957年被M14自动步枪代替。

  M1加兰德步枪是20世纪军用步枪研制发展中的一个重要里程碑，是第一种进入现役的自动装填步枪。在二战中，M1加兰德步枪被证明是一支可靠、耐用和有效的步枪。

4.14 M14 自动步枪

▲ M14 自动步枪

▼ M14 自动步枪性能参数

生产商	春田兵工厂	口径	7.62 毫米
总重	空枪 4.5 千克	枪机种类	短行程导气式活塞，转栓式枪机
全枪长	1118 毫米	发射速率	70～750 发 / 分钟
枪管长	559 毫米	枪口初速	850 米 / 秒
弹药	7.62×51 毫米北约制式弹药	有效射程	460 米

　　M14 步枪是由春田兵工厂设计和生产的，也是美国在越南战争早期使用的自动步枪，曾经是美国的制式步枪，后来被 M16 突击步枪取代，但是经过改良和衍生又重新回到战场上服役。M14 步枪是步兵班标准配置的步枪，它的优点是可以选择射击模式，有单发、三发连射和连射三种模式。

　　M14 步枪的生产是由美国政府和一些美国厂商签订的合同，由春田兵工厂在 1958 年先开始小批量生产，1959 年开始大批量生产，直到 1963 年美国国防部停止采购为止。

4.15 FN FAL 突击步枪

▲ FN FAL

▼ FN FAL 性能参数

生产商	FN 公司	口径	7.62 毫米
总重	4.0~4.45 千克	枪机种类	短行程导气活塞，偏移式闭锁
全枪长	1090 毫米	发射速率	650 发 / 分钟
枪管长	533 毫米	枪口初速	823 米 / 秒
弹药	7.62×51 毫米	有效射程	600 米

由比利时 FN 公司的枪械设计师 D-J·塞弗设计的 FAL 自动步枪（FAL 是 Fusil Aotomatique Légère 的缩写，它的意思为轻型自动步枪），是世界上著名的步枪之一，曾是很多国家的制式装备。

FAL 自动步枪源于二战结束以后由英国提出的新的步枪研制计划，它的原型枪设计采用德国 StG44 突击步枪的 7.92×33 毫米的中间型威力枪弹，但是应英国的要求改成了 7×43 毫米，采用 7.62×51 毫米北约标准步枪子弹。它采用导气式工作原理，枪机偏移式闭锁方式。

FN FAL 自动步枪分为 4 种型号，分别是 FAL50-00、FAL50-64、FAL50-63、FAL50-41。

4.16 HK53 突击步枪

▲ HK53 突击步枪

▼ HK53 突击步枪的性能参数

生产商	HK 公司	口径	5.56 毫米
总重	3.05 千克	发射速率	700 发 / 分钟
全枪长	755 毫米	枪口初速	750 米 / 秒
枪管长	211 毫米	有效射程	100~400 米的视线调整
弹药	5.56×45 毫米北约制式弹药		

  HK53 是德国 HK 公司生产的卡宾枪。它是 HK33 冲锋枪的一个变型，为 HK33 系列中最短的型号，其大小与冲锋枪相当，却拥有突击步枪的威力，所以它既不完全算是步枪，也不等同于传统意义上的冲锋枪。

  HK53 虽然是发射步枪弹，理论上有效射程为 400 米，但枪管长度只有 211 毫米，初速低，因此一般战斗范围只在 200 米内，勉强有资格称之为卡宾枪。对于这一类武器，有些人按照其战术用途划分为"冲锋枪"，另一些人则不承认 HK53 是冲锋枪，于是就称其为短卡宾枪或短突击步枪。

4.17 李-恩菲尔德步枪

▲ 李－恩菲尔德步枪

▼ 李－恩菲尔德步枪性能参数

研发者	英国恩菲尔德皇家兵工厂	枪机种类	旋转后拉式枪机
总重	4.19 千克	枪口初速	744 米/秒
全枪长	1257 毫米	有效射程	914 米
枪管长	767 毫米	最大射程	1828 米
弹药	7.7×56 毫米	弹容量	10 发内置弹仓

　　李－恩菲尔德的全称是李－恩菲尔德短步枪。它是由恩菲尔德皇家兵工厂在李氏步枪的基础上改进而来，正式命名为李－恩菲尔德弹匣式短步枪，在 1895 年装备英国军队，口径为 7.7 毫米，成为一战、二战和朝鲜战争中的制式装备。

　　李－恩菲尔德步枪在 1895～1956 年间是英国军队的制式手动步枪，也是英联邦国家的制式武器，有大量的衍生型号，是世界上生产量最多的手动步枪。

　　李－恩菲尔德步枪取代了英国军队早期的 Martini-Henry、Martini-Enfield 和 Lee-Metford 步枪。

4.18 M4/M4A1卡宾枪

▲ M4/M4A1 卡宾枪

▼ M4/M4A1 卡宾枪性能参数

生产商	柯尔特公司	口径	5.56 毫米
总重	3.4 千克	枪机种类	直接导气式，转栓式枪机
全枪长	838 毫米	发射速率	700～950 发/分钟
枪管长	368.3 毫米	枪口初速	905 米/秒
弹药	5.56×45 毫米北约制式弹药	弹容量	20 发、30 发 STANAG 弹匣

  1988 年，美国陆军部授命于柯尔特公司开始研制新型的 M16 卡宾枪。柯尔特公司的工程师将枪管缩短成 370 毫米，并且增加了一个缩颈用来挂 M203 榴弹发射器，枪托采用伸缩的枪托，采用半自动和三发点射的设计方式，并采用双层的铝制隔热屏的做护木。柯尔特公司生产的这种新型的卡宾枪编号为 Model 720，于 1991 年 3 月正式命名为"美国 5.56 毫米北大西洋公约组织口径 M4 卡宾枪"。

  M4A1 卡宾枪是 M16 突击步枪的缩短版本，是当今军事领域的宠儿，是很多美国人乃至全世界军人的梦想，有人称它为"枪中少爷"。它是 M4 卡宾枪其中的一种衍生型，被用作执行特种作战用途，是最常见的版本，现在主要装备美军和各个常规部队以及特种部队。

4.19 巴雷特 M468 特种卡宾枪

▲ 巴雷特 M468 特种卡宾枪

▼ 巴雷特 M468 特种卡宾枪性能参数

生产商	巴雷特武器制造公司	口径	6.8×43 毫米 SPC
总重	3.31 千克	枪口初速	810 米/秒
全枪长	898.5 毫米	有效射程	600 米（个人目标）、800 米（区目标）
枪管长	410 毫米	弹容量	28 发

  M468 特种卡宾枪是由美国巴雷特武器制造公司生产的，M468 中的 "4" 代表该枪研制于 2004 年，"68" 代表其口径为 6.8 毫米。

  M468 卡宾枪的特点在于携带方便，容易操控，射程较远，精度较高，但是由于美国军方对 6.8 毫米 SPC 弹比较看好，所以对 M468 只做了一些基本的测试，并没有做进一步的试验和试装备，所以 M468 特种卡宾枪并没有接到大的订单。

  M468 特种卡宾枪采用了 M16 直接导气自动原理，枪机回转式闭锁机构，双弹簧抽壳机构，两道火扳机；护木采用了 ARMS 公司的 SIR 导轨系统，平顶形机匣便于使用光学瞄准具，也设置了备用的砚孔式可折叠的机械瞄具。

  M468 卡宾枪适用于近距离巷战。

4.20 HK416 卡宾枪

▲ HK416 卡宾枪

▼ HK416 卡宾枪枪性能参数

研发者	HK 公司	口径	5.56 毫米
总重	2.95 千克	枪机种类	短行程活塞气动式、转栓式枪机
全枪长	690.88 毫米	发射速率	850 发 / 分钟
枪管长	228.6 毫米	枪口初速	729.97 米 / 秒
弹药	5.56×45 毫米北约制式弹药	弹容量	20 发、30 发可拆卸式 STANAG 弹匣

　　HK416 卡宾枪是由 HK 公司设计的，以 HK G36 突击步枪的启动系统在 M4 卡宾枪的基础上重新改造制成的。

　　HK 公司改进了英国的 SA80 武器系统后，2002 年年初开始评估和改进 M16 系列卡宾枪的技术可行性，目的是为了提高 M16 系列武器的可靠性和使用寿命，该公司预计将来能生产和销售完整的 HKM4，同时也可以提供将现有的武器改装成 HKM4 的系列服务，但是在 2004 年柯尔特打算起诉 HK 公司侵权，所以将 HKM4 改名为 HK416。在 HK416 中，"4"可能是指"M4"，"16"可能是指"M16"。

　　HK416 自从 2005 年推出之后没有什么大订单，都是一些小订单，但是到了 2007 年，挪威和 HK 公司签订了 1660 万美元的订购合同。

4.21 KAR 98K 毛瑟步枪

▲ Kar 98k 毛瑟步枪

▼ Kar 98k 毛瑟步枪性能参数

生产商	毛瑟公司	总重	3.7～4.1 千克
研发时间	1935 年	全枪长	1110 毫米
制造数量	最少 1400 万支	枪管长	600 毫米

  Kar 98k 是 Kar 98k 毛瑟步枪的简称，由 Gew.98 毛瑟步枪改进而来的。Kar 98k 从 1935 年开始服役，在二战中它是纳粹德国军队装备的制式手动步枪，也是当时产量最多的轻武器之一，直到二战结束前都是纳粹德军的制式手动步枪。

  Kar 98k 毛瑟步枪的原型是 Gewehr 98。从 1898 年起，毛瑟 7.92 毫米口径步枪成为德国陆军制式步枪，并命名为 Gewehr 98，从此开始了近 50 年作为德军的制式装备"毛瑟 98 系列步枪"的历史。在一战和二战中，Kar 98k 毛瑟步枪用实力证明了它可靠性高，成为枪械历史中的经典，各个国家根据它的闭锁机构设计进行改进，仿制出不计其数的步枪。

20 世纪 30 年代，纳粹德国重新整理装备，按照 Gew.98 步枪衍生出的 Kar 98b 卡宾枪的枪管长度由 740 毫米缩短到 600 毫米，并且经过德国陆军的测试，被德国国防军作为制式步枪，命名为 Kar 98k，在 1935 年正式生产。

Kar 98k 继承了毛瑟 98 系列步枪经典的毛瑟式旋转后拉式机枪，机枪的尾部是保险装置；使用 5 发弹夹装填子弹，子弹成双排交错排列的内置式弹仓；拉机柄由直行改成下弯式，便于携带和安装瞄准镜。

在战争期间，Kar 98k 为满足军队装备数量，将部分零件的制造和安装采用冲压和焊接。

▼ Kar 98k 毛瑟步枪瞄准镜

Kar 98k 毛瑟步枪既简单又坚固，最有特点的两个设计是它的供弹系统和枪机。

Kar 98k 供弹系统是一个内置的双排弹仓，子弹在内交错排列，填装子弹时可以单发填装，也可使用一次性的弹夹。Kar 98k 枪机顶部有两个闭锁齿，使射击的精确度得到更好的提升。

▲ Kar 98k 毛瑟步枪的枪栓

▲ Kar 98k 毛瑟步枪的吊带

▲ Kar 98k 毛瑟步枪的准星

4.22 M82A1 狙击步枪

▲ M82A1 狙击步枪

▼ M82A1 狙击步枪性能参数

研发者	巴雷特武器制造有限公司	口径	12.7 毫米
总重	14.02 千克	枪机种类	后坐作用，滚转式枪机
全枪长	1447.8 毫米	枪口初速	853 米/秒
枪管长	737 毫米	有效射程	1850 米
弹药	.50 BMG	弹容量	10 发

　　由美国巴雷特武器制造公司（简称巴雷特公司）研发和生产的大口径巴雷特 M82 属于重型特殊用途狙击步枪，使用重机枪的子弹和其他特种弹药。它的精度高、射程远、威力大，在 12.7 毫米狙击步枪的市场上占据了统治地位。该枪分为 M82A1 和 M82A2 两种衍生型，主要在西方国家的军队使用，是美、英特种部队首选的重型武器，美军亲切的称它为"轻 50"。

　　巴雷特 M82 是美国、比利时、智利、丹麦、芬兰、法国、德国、希腊、以色列、意大利、墨西哥、荷兰、瑞典和英国等 30 个国家的军警用枪，而且在民间也是常见的竞赛用枪。

朗尼·巴雷特出生在美国，是田纳西州一名商业摄影师，仅仅是一名枪械爱好者，从未学过任何火器设计，但是在一次偶然的机会下，他决定设计一支大口径半自动狙击步枪。于是，他开始了设计与制造，用了不到一年的时间便做出一支样枪，于1982年开始生产，M82A1半自动狙击步枪就这样诞生了。

朗尼·巴雷特创建了自己的公司—巴雷特公司，生产了巴雷特M82A1、M82A2和M95大口径狙击步枪，几乎垄断了狙击步枪的市场地位。

1990年，巴雷特公司制造出.50口径军用狙击枪，同年10月，M82A2被海军陆战队选为远距离杀伤武器，用来对付远距离单兵、车辆和雷达等高价值目标。

▼ CZ83型手枪瞄准镜

◀ M82A1 分解图

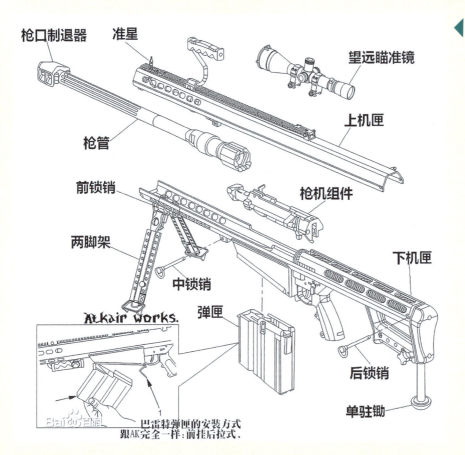

4.23 毛瑟 SP66 式狙击步枪

▲ 毛瑟 SP66 式狙击步枪

▼ 毛瑟 SP66 式狙击步枪性能参数

研发者	毛瑟	口径	7.62 毫米
总重	6.2 千克	枪机种类	旋转后拉式枪机
全枪长	1120 毫米	有效射程	800 米
枪管长	730 毫米	弹容量	3 发内置整体式弹仓
弹药	7.62×51 毫米 北约制式弹药		

  由德国毛瑟公司设计和生产的毛瑟 SP66 式 7.62 毫米狙击步枪是在 Gehmann 的基础上研制的短枪机，外形与运动步枪相似，专门为军队狙击手和治安部门制造，意大利和以色列等国家的军队和警察也在使用。虽然该枪在 1985 年停止生产，但是目前仍有一些 SP66 还在使用。

  毛瑟 SP66 式 7.62 毫米狙击步枪和传统的毛瑟 98 式机枪相似，头部都有两个闭锁凸笋，但是枪机的拉机柄靠经机头，枪击开锁式，机体向后伸出量较小，枪机的行程较短。

  毛瑟 SP66 式 7.62 毫米狙击步枪是单发装填狙击步枪，采用重型枪管，枪口装有消焰/制退器。该枪的枪托、贴腮板可以调节，适合不同胳膊长度的射手使用，并且它的扳机力和行程都可调节。

▼ 毛瑟 SP66 式 狙击步枪

▼ 毛瑟 SP66 式狙击步枪

毛瑟 SP66 式狙击步枪特点如下。

(1) 运用毛瑟 98 式狙击步枪短枪机系统，机枪的行程缩短了 90 毫米，将全枪的重量减小。

(2) 枪身后面的凸出零件较少，射击人员不用偏头瞄准。

(3) 枪机开锁时，枪体向后伸出量小，不影响射击人员的瞄准。

(4) 枪管为重型，装有消焰/制退器。

(5) 供弹装置为整体式弹仓。

(6) 机匣上有楔形轨道，方便安装红外探照灯。

(7) 枪托为木质，表面有波纹，颈部有孔，方便持握。

(8) 枪托和贴腮板可调节，适合各种射击人员。

(9) 增加小握把，加强了持握射击的稳定型。

(10) 击针簧簧力强大，底火速度非常快，比毛瑟 98 式缩短了 50%。

(11) 该枪的扳机力和行程可调节，并且配有 10 毫米宽的扳机护圈，方便射手带手套进行设计。

4.24 M24 狙击步枪

▲ M24 狙击步枪

▼ M24 狙击步枪性能参数

研发者	雷明顿武器公司	口径	7.62 毫米
总重	5.5 千克	枪机种类	旋转后拉式枪机
全枪长	1092.2 毫米	枪口初速	853 米/秒
枪管长	609.6 毫米	有效射程	超过 800 米
弹药	7.62×51 毫米北约制式弹药		

　　M24 狙击步枪是雷明顿 700 步枪的军用衍生版，由于 M24 狙击步枪套装配备瞄准镜和其他配件，所以被命名为狙击手武器系统，简称 M24 SWS。

　　M24 狙击步枪专门提供给军队及警察使用，于 1988 年正式成为美国陆军的制式狙击步枪，目前美国陆军正用半自动 M110 狙击步枪慢慢取代 M24 狙击步枪。

　　M24 狙击步枪对气象物候条件的要求十分挑剔，潮湿的空气会改变子弹的方向，干燥的空气会让子弹发射偏高，为了确保射击的效果，该枪装备了瞄准具和夜视镜，必要时还要携带聚光镜、激光测距和气压计。

▼ M24 狙击步枪

M24 狙击步枪的闭锁可靠、枪托与机匣配合精密、线条流畅、外形优雅，延续了雷明顿 700 系列的优点。机匣为钢制的圆柱形，简化了加工工艺并且与枪托力的铝制衬板 V 形槽相结合。机匣和枪口处装有基座，便于安装机械瞄准器具。

M24 狙击步枪的枪管由 416R 不锈钢制成，发射 M188 特种子弹，为了弹道的稳定性，将枪管膛线缠距从原来的改成 285.75 毫米。

M24 狙击步枪由弹仓供弹，弹容量为 5 发，装子弹的时候要打开抛壳窗，从抛壳窗一发一发地将子弹往里压放。弹仓地板是铰折式，可以打开快速装弹。

M24 狙击步枪的枪托用凯夫拉-石墨合成材料制作，前托粗大，就像海狸的尾巴。其枪托上还装有小小的握把和安装瞄准镜的连接座。可是，M24 狙击步枪的枪托是使用发泡塑料制作的，遇到雨水前托会变重，破坏原有平衡，这是它的一个致命缺陷。

M24 狙击步枪的瞄准具最初使用刘博尔德 UItra M3A 型 10×42 毫米固定倍率瞄准镜，后使用新型的 Leup old Mark 4 型 3.5～10 倍可变倍率战术瞄准镜；它还配有 Redfield-Palma 国际公司生产的可拆卸的备用机械瞄准具，准确度高。

▼ M24 狙击步枪扳机

4.25 SVD 狙击步枪

▲ SVD 狙击步枪

▼ SVD 狙击步枪性能参数

研发者	叶夫根尼·费奥多罗维奇·德拉贡诺夫	口径	7.62 毫米
总重	4.31 千克	枪机种类	转栓式枪机
全枪长	1225 毫米	枪口初速	800～830 米/秒
枪管长	620 毫米	有效射程	800 米
弹药	7.62×54 毫米	弹容量	可拆卸 10 发装弹匣

　　SVD 狙击步枪也称为 CBA 狙击步枪（SVD 是德拉贡诺夫的缩写，SVD 狙击步枪也叫德拉贡诺夫狙击步枪），是 1958～1963 年间由苏联的叶夫根尼·费奥多罗维奇·德拉贡诺夫设计的一种半自动狙击步枪，取代了莫辛－纳甘狙击步枪。通过一系列的改进之后，该枪于 1967 年装备在部队中，它也是现代第一支为支援班排级狙击与长距离火力支援用途而专门制造的狙击步枪。

　　SVD 狙击步枪采用新的玻璃纤维复合材料制作枪托、护木和弹匣，在埃及、罗马尼亚和南斯拉夫等国家的军队中应用和生产。

▼ SVD 狙击步枪弹匣

SVD 狙击步枪的特点如下。

（1）SVD 狙击步枪的发射结构可看做是 AK47 突击步枪的放大版本，但是比它要更简单。SVD 狙击步枪发射的 7.62×54 毫米突缘弹威力比 AK47 配用的 7.62×39 毫米 M43 弹威力大很多，出膛速度为 830 米 / 秒。

（2）SVD 狙击步枪采用短行程活塞的设计，到期活塞单独地位于活塞筒中，在火药燃气压力下向后运动，撞击机框使其后坐，降低活塞和活塞连杆运动时引起的中心偏移，这样就大大提高了射击精确度。

（3）SVD 狙击步枪在导气管前端的气室有一个气体调节器，用来调整火药燃气的压力，当导气管积碳过多无法正常操作的时候可以进行调节，增加推动活塞的压力。

（4）SVD 狙击步枪木质枪托和枪托握把后方的部分为镂空设计，大大减轻了全枪的重量。

（5）SVD 狙击步枪配置的瞄准镜是 4×24 毫米的 PSO 型瞄准镜瞄准镜的划分板上有三个距离划分，每个划分 100 米，所以它的射程可达 1300 米。

4.26 L96A1 狙击步枪

▲ L96A1 狙击步枪

▼ L96A1 狙击步枪性能参数

生产商	国际精密仪器制造公司	口径	7.62 毫米
总重	6.5 千克	枪机种类	旋转后拉式枪机，气动式，滚转式枪机
全枪长	1180 毫米	枪口初速	850 米/秒
枪管长	660 毫米	有效射程	800 米
弹药	7.62×51 毫米北约制式弹药	弹容量	8 发、10 发可拆卸弹匣

由英国精密仪器制造公司在 L96A1 步枪的基础上进行改进并生产制造的 L96A1 狙击步枪，于 20 世纪 80 年代面世，是为了执行狙击任务而研制的，也称为 PM 狙击步枪。它是世界上最先进的狙击枪 PM 高精度狙击步枪，其设计理念是：不管枪管清洁与否，都要做到百发百中。

L98A1 狙击步枪系统主要有三种：步兵用、警用和隐形式。

L98A1 狙击步枪在结构设计上的主要特点就是防冻，在北极气候的条件下使用可靠性强，可在零下 40 摄氏度使用，也可在热带使用，因为它增加了特殊的表面保护层、吸纳冰屑土渣的浅沟槽、三位置保险柄和滑动自如的手动式机枪开闭锁机构。

4.27 M21 狙击步枪

▲ M21 狙击步枪

▼ M21 狙击步枪性能参数

生产商	岩岛兵工厂春田公司	口径	7.62 毫米
总重	5.27 千克	枪机种类	长行程导气式活塞，转栓式枪机
全枪长	1118 毫米	枪口初速	853 米/秒
枪管长	560 毫米	有效射程	822 米
弹药	7.62 × 51 毫米北约制式弹药	弹容量	5 发、10 发、20 发

  M21 狙击步枪是在 M14 自动步枪的基础上改进研发而成的半自动狙击步枪，于 1969 年装备美军部队。美军在越南战争时需要装备狙击步枪，M14 自动步枪因为高精度、可靠性好和短时间可再次射击而被选来改装，在越南战争后期成为了美国陆军、海军和海军陆战队的通用狙击步枪，于 1988 年被 M24 狙击步枪取代。

  M21 狙击步枪装置着防水、防雾和防震的斯普林菲尔德第三代瞄准镜，它的特色是有专利权的镜内气泡水准，以保证射手适中把枪保持在水平状态；目镜采用多层镜片式，让射手在暗处也能瞄准目标。在不影响弹丸的初速时，枪口还安装有消声器，避免了暴露射手的射击位置。

4.28 M40 狙击步枪

▲ M40 狙击步枪

▼ M40 狙击步枪性能参数

研发者	雷明登武器公司	枪机种类	旋转后拉式枪机
总重	6.57 千克	发射速率	单发
全枪长	1117 毫米	有效射程	900 米
弹药	7.62×51 毫米北约制式弹药	最大射程	1370 米
口径	7.62 毫米		

雷明登武器公司在雷明登 700 步枪的基础上衍生出 M40 狙击步枪，于 1966 年装备美国海军陆战队，成为制式狙击步枪。

M40 狙击步枪有三种改进型：第一种是 1977 年生产的 M40A1，第二种是 1980 年生产的 M40A1，第三种是 2001 年生产的 M40A3。

美国海军陆战队在越南战争期间，需要一种正规的新式狙击步枪，在经过各种测试之后，决定采用雷明登 700/40x 旋转后拉式机枪步枪作为制式狙击步枪，正式命名为 M40。M40 装备的雷菲尔德 3-9 瞄准镜和木质枪托在越南炎热潮湿的战场环境下，出现了严重的受潮膨胀问题，所以在 20 世纪 70 年代，将其更新为 M40A1，然后陆续进行更新，衍生出 M40A3。

4.29 麦克米兰 TAC—50 狙击步枪

▲ 麦克米兰 TAC-50 狙击步枪
▼ 麦克米兰 TAC-50 狙击步枪性能参数

生产商	麦克米兰公司	口径	12.7 毫米
总重	11.8 千克	枪机种类	旋转后拉式枪机
全枪长	1448 毫米	枪口初速	约 850 米/秒
枪管长	736 毫米	有效射程	2000 米
弹药	.50 BMG	弹容量	5 发，可分离式弹仓

  2002 年，当美军在阿富汗结束"巨蟒行动"后，传出了一个新闻：5 名加拿大狙击手在"巨蟒行动"中用 TAC-50 狙击步枪为美军提供远程火力支援时，其中一名士兵创下了 2430 米（2657 码）的命中纪录，这可能是当时狙击手射杀距离的最远纪录。据报道这名狙击手的第一发弹就把一名武装分子手中的袋子打飞了，而这名基地武装分子竟然没有隐蔽，于是他们修正了弹着点，第二发子弹击中了这个目标。

  这 5 名加拿大狙击所使用的狙击步枪是麦克米兰公司生产的 0.50 英寸（12.7 毫米）口径战术步枪（.50 CAL TacTICAL），又称为 TAC-50。当美国陆军采用了巴雷特公司生产的 M82A 112.7 毫米步枪后，许多 12.7 毫米民间比赛步枪便涌向军方市场，很多国家的军队也跟着采用了 .50 步枪用作反器材步枪或狙击步枪。加拿大军方在 2000 年 4 月采用了麦克米兰 TAC-50，并命名为 C15 远程狙击武器系统（LRSW）。

  海豹突击队是 TAC-50 的另一个主要用户，美国海军将其命名为 Mk15 Mod0 SASR。

4.30　SSG3000 式狙击步枪

▲ SSG3000 式狙击步枪

▼ SSG3000 式狙击步枪性能参数

生产商	西格 & 绍尔公司	口径	7.62 毫米
总重	6.2 千克	枪机种类	旋转后拉式枪机
全枪长	1180 毫米	枪口初速	800~830 米/秒
枪管长	600 毫米	弹容量	5 发可拆式内置单排弹仓
弹药	7.62×51 毫米		

　　SSG3000 式狙击步枪于 1984 年由瑞士 SIG 公司推出，但该枪实际上是由德国 Sauer 公司设计和生产的。

　　SSG3000 式狙击步枪采用模块式构造，主要的零部件都可以快速地更换，是旋转后拉式枪机，采用黑色麦克米兰玻璃纤维枪托，采用美国生产的瞄准镜架和两脚架安装孔。

　　SSG3000 式狙击步枪采用克虏伯公司生产的优质冷锻碳钢枪管和机匣，它有一个 5 发子弹单排排列的可拆卸弹匣，钢管上有一根固定的带子，这个带子的主要作用是防止发热的枪管在瞄准镜前方产生热浪而妨碍射手的精确瞄准。

4.31 G22 狙击步枪

▲ G22 狙击步枪

▼ G22 狙击步枪性能参数

生产商	国际精密仪器制造公司	口径	7.62 毫米
总重	7.76 千克	枪机种类	旋转后拉式枪机
全枪长	1270 毫米	有效射程	1000 米
枪管长	659 毫米	枪口初速	860 米/秒
弹药	7.2 毫米雷明顿		

在西德时期，德军装备 G3/SG1 作为狙击步枪，并一直使用到东、西德合并。可是这种 G3 步枪只能用于普通的战术支援，并在索马里和南斯拉夫地区的战斗行动中无法满足现代狙击作战的要求，促使德国国防部决定采购专门的狙击步枪。而经过两轮对比试验后，国际精密仪器制造公司（AI 公司）的 AWM-F 优于先前呼声最高的毛瑟公司 SR93 和埃尔玛公司 SR100，并于 1998 年被德国联邦国防军命名为 G22，并开始用于装备部队。

该枪采用 .300 温彻斯特·马格南枪弹，在 1000 米范围内的首发命中率达 90%，也能在百米内穿透 20 毫米的装甲钢板。

4.32 Tango51 狙击步枪

▲ Tango51 狙击步枪

▼ Tango51 狙击步枪性能参数

原产地	美国	口径	7.62 毫米
总重	4.9 千克	有效射程	800 米
全枪长	1125 毫米	弹容量	5 发可拆卸式弹匣
枪管长	457～609 毫米		

　　Tango51 狙击步枪是战术运动股份有限公司（Tactical Operations Incorporated，简称 Tac Ops 公司）在雷明顿 700 的基础上开发的狙击步枪，该公司宣称 Tango51 狙击步枪通过先进的生产工艺和严格的质量控制，确保每一支 Tango51 都具有高标准的精度。Tango51 狙击步枪于 2000 年 4 月亮相于《S.W.A.T》杂志上，并且邀请杂志社的记者在洛杉矶县执法机构的射击场进行试验它的性能。由于当时的射击条件不是很理想，记者在借助两脚架的情况下射击 112 码（102.4 米）靶，弹着点出现 1/4 英尺（76.2 毫米）之内的偏差。随后过了几天，记者再次到射击场对装有消声器的 Tango51 狙击步枪进行试验。

　　Tango51 狙击步枪枪管采用 Tac Ops 的比赛枪管，有 18 英寸和 24 英寸两种长度；枪托采用麦克米兰玻璃纤维枪托，枪托表面有防滑纹，配有消声器和哈里斯公司的两脚架。此枪最大的优点在于它的质量很轻。

4.33 BlaserR93 狙击步枪

▲ BlaserR93 狙击步枪

▼ BlaserR93 狙击步枪性能参数

生产商	布拉塞尔公司	口径	5.588 毫米
总重	4.8 千克	枪机种类	直拉式枪机，套爪闭锁
全枪长	1130 毫米	弹容量	5 发可拆卸式弹匣
枪管长	627 毫米		

　　BlaserR93 狙击步枪是由德国布拉塞尔（Blaser）公司生产，SIG 公司代理的一种产品，属于 R93 系列猎枪的战术型狙击步枪。

　　BlaserR93 狙击步枪的枪身由 LRS-2 聚合物材料改进，它还有很多附件——枪口装置、两脚架和瞄准镜等，适合在军用或者是警用上，是相当优秀的狙击步枪。

　　BlaserR93 狙击步枪有四种口径：第一种是 .223 的口径，5 发子弹，射程 600 米；第二种是 .308 的口径，5 发子弹，射程 800 米；第三种是 .300 的口径，4 发子弹，射程 1200 米；第四种是 .338 的口径，4 发子弹，有效射程 1600 米。

4.34 G3/SG1 军用狙击步枪

▲ G3/SG1 军用狙击步枪

▼ G3/SG1 军用狙击步枪性能参数

研发者	HK 公司	口径	7.62 毫米
全枪长	1025 毫米	枪机种类	滚轮延迟反冲式
枪管长	450 毫米	弹容量	5 发或 20 发，可拆卸弹匣
弹药	7.62×51 毫米北约制式弹药	瞄准具型式	机械瞄具、瞄准镜

　　G3/SG1 狙击步枪是由 G3 变形而来的枪，它的枪管是在 G3 步枪中精心挑选的精度最高的枪管，再配上两脚架、枪托贴腮板和望远瞄准镜组合而成，是一支用突击步枪拼凑出来的狙击步枪，和 G3 步枪几乎没有区别。

　　SG 的德文全称是 "Schutzen Gewehr"，翻译成中文就是精确步枪的意思，虽然现在的德国联邦国防军已经换成 G22 狙击步枪，但是 G3/SG1 仍在德军中服役，它的主要用途是半自动精确射击单个目标。

　　G3/SG1 狙击步枪扳机力比其他枪械小，在 0.5~1.5 千克之间，发射机构使用非常简便，配备放大率为 1.5~6 倍的专用 Hersold 瞄准镜，在 100~600 米射程中可以进行风偏和距离修正。

4.35 斯太尔 HS.50 狙击步枪

▲ 斯太尔 HS.50 狙击步枪

▼ 斯太尔 HS.50 狙击步枪性能参数

生产商	奥地利斯太尔 – 曼利彻尔公司	口径	12.7×99 毫米（北约）
总重	12.4 千克	枪机种类	单杆螺栓行动步枪
全枪长	1370 毫米	有效射程	1500 米
枪管长	833 毫米		

　　斯太尔 HS.50 狙击步枪在 2004 年 2 月拉斯维加斯的枪展上首次公开展示，在 2004 年 6 月中旬的萨托里 2004 上第二次展示。

　　该枪是单发的手动枪机反器材狙击步枪，有两种口径，一种是流行的 .50BMG，另一种是全新的 .460 Steyr 口径。其枪机为手动操作的旋转后拉式，机头采用一个大形双闭锁，两道火扳机的扣力为 4 磅（1.8 千克），枪托长度和贴腮板高度可调，重型枪管上有凹槽，配有高效制退器，没有机械瞄准具，而是通过皮卡汀尼导轨安装瞄准装置，整体采用可折叠可调两脚架。

第 5 章 机枪

　　机枪通常指身管内径小于 20 毫米的可自动连续发射枪弹的枪械，可分为轻机枪、通用机枪以及重机枪。世界上第一挺机枪是比利时工程师加特林于 1851 年设计的，并出现在普法战争中。随着科技的发展，机枪的结构、性能等不断得到完善，也不断出现在各个战役中，并发挥了至关重要的作用。本章主要介绍比较有名的 M134 型速射机枪、M60 式 7.62 毫米通用机枪、RPK 轻机枪、M2 式勃朗宁大口径重机枪等，能够使读者知晓这些机枪的结构、性能等，了解机枪完善和发展的过程。

5.1 M134 型速射机枪

▲ M134 型速射机枪

▼ M134 型速射机枪性能参数

研发者	通用电气公司	枪机种类	电动机驱动的旋转膛室
总重	15.9 千克（不包括电动机和供弹机），26 千克（包括电动机和供弹机）	发射速率	可变动，2000 发 / 分钟（实用射速）至 6000 发 / 分钟
全枪长	749 毫米	枪口初速	853 米 / 秒
枪管长	559 毫米	有效射程	999.44 米
弹药	7.62 × 51 毫米北约制式弹药	供弹方式	弹链

20 世纪 60 年代初期，通用电气公司在机载 M61A1 的 6 管射速机炮的基础上发展出 M134 型速射机枪。该机枪的系列口径从 5.56～25 毫米，也叫做美国陆军型，使用在速射机枪中用途广泛的 7.62 毫米弹药，在 100 米以內的范围内，任何非重装甲物体都会被打穿。这种速射机枪的最高射速可以达到 6000 发 / 分钟，是世界上射速最快的机枪，被称为火神炮，还有"移动炮台""终结者""密集阵""格林炮"和"加特林"等绰号。

5.2 ZB26 轻机枪

▲ ZB26 轻机枪

▼ ZB26 轻机枪性能参数

生产商	捷克布鲁诺兵工厂	枪机种类	长行程导气式活塞、倾斜式闭锁
总重	10.5 千克	发射速率	500 发 / 分钟
全枪长	1150 毫米	枪口初速	744 米 / 秒
枪管长	672 毫米	有效射程	900 米
弹药	7.92×57 毫米毛瑟步枪弹	弹容量	20 发弹匣

20 世纪 20 年代，由捷克斯洛伐克布尔诺国营兵工厂研制的 ZB26 轻机枪诞生了。捷克斯洛伐克在一战中宣布独立，建立了自己一套完整的军工体系，而 ZB26 轻机枪就是经典作之一。该枪最大的特色是 20 发装弹匣在枪身上方和轮形表尺外形特征。

ZB26 轻机枪结构简单、价格较低，因此仿制要求不高，因此，中国进口数量较大，总装备数量达到 10 万多挺。该枪可以发射 7.92×57 毫米轻尖弹和重尖弹。

5.3 M60式7.62毫米通用机枪

▼ M60式7.62毫米通用机枪

▼ 架起的M60式7.62毫米通用机枪

▼ M60式7.62毫米通用机枪性能参数

生产商	美国萨科防务公司	枪机种类	气动式、开放式枪机
总重	16千克	发射速率	550发/分钟
全枪长	1077毫米	枪口初速	853米/秒
枪管长	560毫米	有效射程	1100米
弹药	7.62×51毫米	供弹方式	M13弹链

经过对T44式、T52式和T61式的多次改进，美国斯普林菲尔德兵工厂于1957年研制出M60式7.62毫米通用机枪，由美国萨科防务公司生产，1958年装备美军。除了美军装备之外，还有澳大利亚、韩国等30多个国家的军队装备此枪。该枪取代了7.62毫米勃朗宁M1917A1式、M1919A4式重机枪和M19196式轻机枪，是世界上最著名的机枪之一。为了满足不同战斗部队的需要，美国研制了M60式的很多变型枪——M60C式、M60D式、M60E1式、M60E2式和M60E3式。

M60式7.62毫米通用机枪带有底座/枪架，是能够连发射击的自动枪械。它射程较远，火力密集，杀伤力大，是一种十分厉害的武器，多用于掩护撤退和突击碉堡等战斗中。

5.4 RPK 轻机枪

▲ RPK 轻机枪

▼ RPK 轻机枪性能参数

研发者	卡拉什尼科夫	枪机种类	长行程导气式活塞、转栓式枪机
总重	4.8 千克	发射速率	600 发 / 分钟
全枪长	1040 毫米	枪口初速	745 米 / 秒
枪管长	590 毫米	表尺射程	1000 米
弹药	7.62×39 毫米	瞄准具型式	缺口式照门

　　1959 年，苏联为了替换苏军装备中的 RPD 轻机枪而生产了 RPK 轻机枪。RPK 轻机枪原名为 Ruchnoi Pulemet Kalashnikova，RPK 是它的缩写，该枪是在 AKM 的基础上发展出来的，枪管延长并增大枪口初速和弹容量，将火力持续性增强，还配备两脚架，提高了射击的精准度，瞄准镜增加了风偏调整。该枪发射 7.62×39 毫米口径的 M1943 中间型威力枪弹，属于苏联的第二代班支援武器。该枪的缺点是采用固定式枪管，没有办法长时间地连续射击。

　　RPK 轻机枪使用 40 发香蕉型弹匣、75 发专用弹鼓和 30 发香蕉型 7.62×39 毫米弹匣。

　　在罗马尼亚、芬兰、越南等国家都获得了授权生产或者是私自仿制和使用。

5.5 MG36 轻机枪

▼ MG36 轻机枪

◀ 正在使用 MG36 轻机枪的战士

▼ MG36 轻机枪性能参数

研发者	HK 公司	枪机种类	短行程导气式活塞，转栓式枪机
总重	3.63 千克	发射速率	750 发 / 分钟
全枪长	999 毫米	枪口初速	920 米 / 秒
枪管长	480 毫米	有效射程	800 米，200～600 米的视线调整
弹药	5.56×45 毫米北约制式弹药	弹容量	30 发、100 发弹匣

1990 年，HK 公司在 HK50 自动步枪和 MG50 班用轻机枪的基础上研制出 G36 轻机枪。该枪采用导气式自动原理，性能可靠，成本较低，塑料表面不仅抗腐蚀，而且将全枪的重量减小。该枪还配有精确的瞄准装置。

MG36 轻机枪和 G36 步枪基本相同，只有枪管、C-MAG 弹鼓和两脚架加厚这一点不同。其实 MG36 并不是真正的轻机枪，它的正确定位应该是可以提供持续火力支援的补充装备。

5.6 M249 机枪

▲ M249 机枪

▼ M249 机枪性能参数

生产商	FN 公司	枪机种类	气动式、开放式枪机
总重	10.02 千克	发射速率	750~1000 发 / 分钟
全枪长	1041 毫米	枪口初速	915 米 / 秒
枪管长	521 毫米	有效射程	1000 米
弹药	5.56×45 毫米北约制式弹药	供弹方式	M27 弹链、STANAG 弹匣

　　由 FN 公司设计生产的 M249 机枪，全名为 M249 MINIMIM SAW，也被称为班用自动武器，是 FN Mini 机枪美国的改进型。该枪发射 5.56×45 毫米口径北约制式弹药，是美军装备中较轻的机枪。

　　M249 机枪是 5.56 毫米小口径米尼米机枪的衍生型。米尼米机枪口径较小，射速高，是一种轻巧的轻机枪，20 世纪 80 年代，美国举行的班用自动武器评选时被命名为 XM249，于 1982 年正式装备，命名为 M249 班用自动武器，是步兵班中持续火力最强的武器。

5.7 M2 勃朗宁大口径重机枪

▲ M2 勃朗宁大口径重机枪

▼ M2 勃朗宁大口径重机枪性能参数

原产国	美国	枪机种类	后坐作用
总重	空枪：38 千克；连三脚架：58 千克	发射速率	450～550 发 / 分钟
全枪长	1650 毫米	枪口初速	930 米 / 秒
枪管长	1140 毫米	有效射程	1830 米
弹药	12.7×99 毫米北约制式弹药	弹容量	M9 弹链供弹

　　M2 勃朗宁大口径重机枪由约翰·摩西·勃朗宁设计，俗称 0.50 重机枪，其实它就是 M1917 勃朗宁重机枪的放大版，1921 年正式定型，成为美军的制式装备。该枪使用 12.7×99 毫米大口径弹药，常用在步兵架设的火力阵地和军用车辆上，主要用途是攻击轻装甲目标、集结有生目标和低空防空。

　　M2 勃朗宁大口径重机枪采用枪管短后坐式工作原理，卡铁起落式闭锁结构；供弹机构采用单程输弹、双程进弹的供弹机构。该枪的瞄准具是用安装在机匣上的简单的柱形准星和立框式表尺。该枪发射 12.7×99 毫米口径枪弹，包括普通弹、穿甲燃烧弹、穿甲弹、曳光弹、穿甲曳光弹、穿甲燃烧曳光弹、脱壳穿甲弹、硬心穿甲弹及训练弹等。

5.8 MG42 通用机枪

▲ MG42 通用机枪

▼ MG42 通用机枪性能参数

研发者	毛瑟公司	发射速率	平均 1200 发 / 分钟
总重	11.57 千克	枪口初速	755 米 / 秒
全枪长	1220 毫米	有效射程	1000 米
弹药	7.92×57 毫米毛瑟子弹	弹容量	75 发弹鼓或 250 发弹链
枪机种类	反冲后坐操作、滚轮式枪机	瞄准具型式	铁制照门与准星

  MG42 通用机枪由德国毛瑟公司生产在 1942 年生产，并且就役。在 1943 年的突尼斯会战时，该枪叫 MG34/41，德国首次装备此枪，后来改名为 MG42 式机枪，使用 7.92 毫米子弹，取代了 MG34 通用机枪。

  MG42 通用机枪具有可靠性、耐用性、简单、容易操作和成本低廉等特性，高达 1500 发 / 分钟的射速成为该枪的特征之一。该枪还有一个特点就是它发射时的噪音和其他机枪不同，类似于"撕裂布匹"的声音，在二战时德国用该枪给盟军造成了极大的心理压力，盟军称该枪为"希特勒的电锯"。

  MG42 研究成功，其实是枪械生产技术的一次重要的突破。实际中，用金属冲压工艺生产的 MG42 不仅节省材料和工时，也更加紧凑，这对于金属资源缺乏的德国来说，是非常实际的。它就是被轻武器评论家用三个最高级的形容词词组："最短的时间，最低的成本，但却是最出色的武器"。

5.9 布伦轻机枪

▲ 布伦轻机枪

▼ 布伦轻机枪性能参数

原产国	英国	枪机种类	长行程导气式活塞、倾栓式闭锁
总重	10.35 千克	发射速率	500～520 发 / 分钟
全枪长	1156 毫米	枪口初速	743.7 米 / 秒
枪管长	635 毫米	有效射程	550 米
弹药	7.62×51 毫米北约制式弹药	弹容量	30 发弹匣、100 发弹鼓

  1935 年布伦轻机枪正式在英国列装，成为制式武器，并且购买生产权，由恩菲尔德兵工厂制造。该枪于 1938 年被命名为 MKI7.7 毫米布伦式轻机枪，是二战中英国军队的轻机枪，也叫布朗式轻机枪。布伦这个名字来自生产商布尔诺公司（BREN）和恩菲尔德兵工厂（Enfield）的前两个字母。

  该枪具有良好的适应能力，在进攻和防御上都可以很好地使用，并且可以作为提供攻击和火力支援，所以它得到了广泛使用，而且经过战争的考验证明它是最好的轻机枪之一。

5.10 加特林机关枪

▲ 加特林机关枪

▼ 加特林机关枪性能参数

原产国	美国	全枪长	1079 毫米
		枪管长	673 毫米
研发者	理查·格林	最大射速	6000～10000 发 / 分钟

　　1861 年，美国人理查·乔登·加特林(也叫格林)设计的加特林机枪是一款手动型多管旋转机关枪，于 1962 年取得专利，是第一支实用化机枪。该枪的威力巨大，经过改良后每分钟可以发射 3000 发子弹。该枪于 1874 年输入中国，是清军最早装备的机枪，中国人称它为"格林炮"或者是"格林快炮"。

　　加特林机枪有 6 根枪管，可以进行转管射击。早期，该枪结构简单，使用手摇转柄，各个枪管依次旋转到 "12 点钟" 的位置发射，提高射击的速度和枪管的散热；现在的加特林机枪采用电子系统运作，最大射速可以达到 6000～10000 发 / 分钟，常用在战斗机和攻击用的军用飞机上。

5.11 MG08式马克沁重机枪

▲ MG08 式马克沁重机枪

▼ MG08 式马克沁重机枪性能参数

生产商	德意志武器与弹药公司、史宾道与爱尔福特兵工厂、汉阳兵工厂	枪机种类	枪管短后坐，肘节式起落闭锁
总重	枪身 26.5 千克	发射速率	450～500 发 / 分钟
全枪长	1175 毫米	枪口初速	900 米 / 秒
枪管长	720 毫米	有效射程	2000 米
弹药	7.92×57 毫米毛瑟	弹容量	250 发弹链

1884 年，海勒姆·马克沁研发 MG08 式马克沁重机枪，是德国军队在一战中使用最广泛的一种重机枪，它还有很多衍生型号，如 MG08/15 和 MG08/18 等。

MG08 式马克沁重机枪利用火药气体能量来完成机枪自动动作，枪管用水冷，发射黑火药枪弹。1888 年，马克沁重机枪经过改进，使用无烟药枪弹，这种枪弹的威力更大，但由于它的重大杀伤力，《凡尔赛条约》规定战败的德国不能研制水冷重机枪，但是德国悄悄保留了马克沁重机枪，研制出性能更加优越的 MG34 通用机枪。

5.12 M1919A6式重机枪

▲ M1919A6 式重机枪

▼ M1919A6 式重机枪性能参数

原产国	美国	枪机种类	后坐作用
总重	14 千克	发射速率	400～600 发 / 分钟
全枪长	964 毫米	枪口初速	850 米 / 秒
弹药	7.62 毫米 M1 式弹、M2 式枪弹	有效射程	1400 米
口径	7.62 毫米	供弹方式	M9 弹链供弹

　　二战时美国急需一种比 M1919A4 式轻、又比勃朗宁轻机枪射速更快、持续射击能力更好的机枪，在这样的需要下，美国柯尔特武器公司生产出了 M1919A6 式重机枪。

　　M1919A6 式重机枪是在 M1919A4 的基础上改进得来的。1940 年美国陆军就开始了轻型机枪的试验和选型工作，1942 年，美国陆军和有关军工厂制订了改进 M1919A4 式重机枪的方案，1943 年这种改进型的机枪列入制式装备，命名为 M1919A6。该枪继承了 M1919A4 式机枪的部件，将三脚架取消，在散热筒前增加了两脚架；M1919A6 的质量比 M1919A4 小，提高了机动能力；增加了鱼尾形枪托，使其可以当轻机枪使用。

5.13 维克斯机枪

▲ 维克斯机枪

▼ 维克斯机枪性能参数

研发者	艾伯特·维克斯	口径	7.7 毫米
总重	15 千克	枪机种类	后坐式，水冷却
全枪长	1100 毫米	发射速率	450～500 发 / 分钟
枪管长	720 毫米	枪口初速	744 米 / 秒
弹药	.303 英式弹	有效射程	2000 米

　　回首上个世纪两次大战期间的英国陆军装备时，最不能忘记的就是李·恩菲尔德式步枪和维克斯式机枪。

　　维克斯机枪是在马克沁重机枪的基础上经过略微改动，然后由英国克雷福德的一家兵工厂生产。艾伯特·维克斯将原来的马克沁重机枪的闭锁机构进行翻转，使得质量减轻，适合大量的生产，维克斯机枪在 1912 年定型、开始生产，所以也有人称维克斯机枪为维克斯-马克沁机枪。

　　直到 1968 年，英军才正式宣布该枪退役。但是该枪仍然在英国联邦国家继续使用了一段时间，在 1972 年的印巴战争中，巴基斯坦军队仍然在使用该枪。

5.14 MG34 通用机枪

▲ MG34 通用机枪

▼ MG34 通用机枪性能参数

口径	7.92 毫米	有效射程	不小于 1200 米
初速	762 米/秒	配用弹种	7.92×57 毫米枪弹
全枪长	1219 毫米	弹容量	弹鼓 50 发，弹链 250 发
枪管长	627 毫米		

德国毛瑟公司设计的 MG34 通用机枪是最早出现的一种通用机枪，是由毛瑟公司的海因里希·沃尔默在 MG30 机枪的基础上设计改良得来的，将原来的弹匣供弹改为弹链供弹、加入强管套和提升了射速，综合了之前很多机枪的特点。该枪一推出便成为德军的主要武器，成为第一种大批量生产的现代通用机枪。但是该枪生产时间长，成本很高，枪管在较高的射速中容易过热，也容易出现故障。

1930 年，MG34 通用机枪是德军步兵的主要机枪，也是坦克和车辆的主要防空武器，它的出现代替了 MG13 等一批老式机枪。但是由于德军战线太多，直到整个二战结束都没有完全取代，接着便衍生出了更有名的 MG42。